味道
书院

咸 味

味道书院编委会　编著

中国大百科全书出版社

图书在版编目（CIP）数据

咸味 / 味道书院编委会编著 . -- 北京 ： 中国大百科全书出版社，2025. 1. --（味道书院）. -- ISBN 978-7-5202-1693-7

Ⅰ . TS264-49

中国国家版本馆 CIP 数据核字第 20252AC877 号

总 策 划：刘 杭 郭继艳
策划编辑：韩晓玲
责任编辑：孙甲霞
责任校对：闵 娇
责任印制：王亚青
出版发行：中国大百科全书出版社有限公司
地 址：北京市西城区阜成门北大街 17 号
邮政编码：100037
电 话：010-88390811
网 址：http://www.ecph.com.cn
印 刷：唐山富达印务有限公司
开 本：710mm×1000mm 1/16
印 张：10
字 数：100 千字
版 次：2025 年 1 月第 1 版
印 次：2025 年 1 月第 1 次印刷
书 号：ISBN 978-7-5202-1693-7
定 价：48.00 元

总　序

这是一套面向大众、根植于《中国大百科全书》第三版（以下简称百科三版）的百科通俗读物。

百科全书是概要记述人类一切门类知识或某一门类知识的完备的工具书。它的主要作用是供人们随时查检需要的知识和事实资料，还具有扩大读者知识视野和帮助人们系统求知的教育作用，常被誉为"没有围墙的大学"。简而言之，它是回答问题的书，是扩展知识的书。

中国大百科全书出版社从 1978 年起，陆续编纂出版了《中国大百科全书》第一版、第二版和第三版。这是我国科学文化建设的一项重要基础性、标志性、创新性工程，是在百年未有之大变局和中华民族伟大复兴全局的大背景下，提升我国文化软实力、提高中华文化国际影响力的一项重要举措，具有重大的现实意义和深远的历史意义。

百科三版的编纂工作经国务院立项，得到国家各有关部门、全国科学文化研究机构、学术团体、高等院校的大力支持，专家、学者 5 万余人参与编纂，代表了各学科最高的专业水平。专家、作者和编辑人员殚精竭虑，按照习近平总书记的要求，努力将百科三版建设成有中国特色、有国际影响力的权威知识宝库。截至 2023 年底，百科三版通过网站（www.zgbk.com）发布了 50 余万个网络版条目，并陆续出版了一批纸质版学科卷百科全书，将中国的百科全书事业推向了一个新的高度。

重文修武，耕读传家，是我们中国人悠久的文化传承。作为出版人，我们以传播科学文化知识为己任，希望通过出版更多优秀的出版物来落实总书记的要求——推动文化繁荣、建设中华民族现代文明，努力建设中国式现代化强国。

为了更好地向大众普及科学文化知识，我们从《中国大百科全书》第三版中选取一些条目，通过"人居环境""科学通识""地球知识""工艺美术""动物百科""植物百科""渔猎文明""交通百科"等主题结集成册，精心策划了这套大众版图书。其中每一个主题包含不同数量的分册，不仅保持条目的科学性、知识性、准确性、严谨性，而且具备趣味性、可读性，语言风格和内容深度上更适合非专业读者，希望读者在领略丰富多彩的各领域知识之时，也能了解到书中展示的科学的知识体系。

衷心希望广大读者喜爱这套丛书，并敬请对书中不足之处给予批评指正！

《中国大百科全书》编辑部

"味道书院"丛书序

　　味道，是人类与环境世界互动的桥梁之一。它不仅赋予我们美食的享受，也是文化传承、情感交流以及生活体验的重要组成部分。从古至今，人们对味道有着无尽的好奇心和探索欲，"味道书院"丛书便是为满足这种好奇心而诞生。

　　这套丛书将带领读者走进一个丰富多彩的味道世界，探索那些我们日常所熟知的味道背后隐藏的秘密。书中详细解析了酸、甜、苦、辣、咸、香、臭这7种味道是如何被我们的感官捕捉，又是怎样影响着我们的生活选择与健康状态。每一种味道都有其独特的魅力和意义：酸不仅仅是醋的味道，它还能在一杯发酵乳酸饮料中唤醒你的清晨；甜不只是糖的甜蜜，它还能是家人团聚时的一块蛋糕带来的温馨；苦不是药物的专利，它能在一杯精心烘焙的咖啡中找到深邃与回味；辣，不仅是辣椒带来的热辣刺激，它还是中国饮食文化中的一个小小符号；咸是大海的味道，它能在一口鲜美的海鲜中让你感受到大自然的馈赠；香不是香水的专属，它还是花朵散发的让你陶醉的芬芳气息；臭不只是臭虫爬过后留下的令人皱眉的异味，它还是特定美食中承载的文化记忆与独特风味。

　　此外，"味道书院"丛书还特别关注现代社会中新兴的味道概念及其应用领域，如甜味剂这类人工调味品的研发进展，以及由谷氨酸等氨基酸引发的海鲜味道是如何被生产出来的，等等。这些内容不仅体现了科学技术的进步，也反映了人们对于愈加丰富多样的味觉体验的追求。

为了便于读者全面地了解味道的本质及其在生活中的广泛应用，编委会依托《中国大百科全书》第三版中食品科学与工程、化学、生物学、中医药、园艺学、渔业等多学科的权威内容，精心策划并推出了"味道书院"丛书。采用图文并茂的形式，将复杂的科学知识转化为易于理解的内容，适合广大读者阅读，为读者提供了一个深入了解和全面认识味道科学的平台。

味道书院丛书编委会

目 录

第 3 章　咸味药　63

第 **4** 章 **盐洲岛**

第 **5** 章 **盐岭**

第 **6** 章 **盐湖**

第 1 章

食盐

食盐是产生人类能感知的咸味的调味剂。常在烹饪和享用食物时用作调味。主要成分为氯化钠（NaCl）。

常见的餐桌盐是一种含有 97% ～ 99% 氯化钠的精制盐。一般粗盐中还含有氯化镁（$MgCl_2$）、硫酸镁（$MgSO_4$）、氯化钙（$CaCl_2$）、硫酸钠（Na_2SO_4）等可溶盐，另外还有泥沙和其他不溶性杂质。

有证据显示最早在公元前6050 年的新石器时代，库库泰尼文化的人会使用陶器煮沸含盐的泉水，以提取其中的盐；而中国大约在同一时期也已有盐业存在。海洋和盐湖是食盐的主要来源，

死海的盐矿

海水中约含氯化钠 2.7%，有些盐湖如美国的大盐湖和约旦边境的死海中，湖水含氯化钠高达 23%。食盐还存在于盐湖的沉积物中，如中国班戈等湖区，食盐主要存于沉积物。

将粗盐溶于水中，去除不溶性杂质，再加精制剂如烧碱、纯碱和氯化钡等，使 Ca^{2+}、Mg^{2+}、Fe^{3+} 等可溶性杂质变成沉淀，过滤除去，最后

用纯盐酸将 pH 调节至 7，浓缩溶液即得纯氯化钠结晶，称精盐。

食盐除食用外，还可作食物防腐剂和化工原料。

氯化钠

氯化钠的化学式为 NaCl。

氯化钠是食盐的主要成分，粗制食盐中含有氯化镁、硫酸镁、硫酸钠、氯化钙等可溶性杂质，以及一些不溶性杂质。大量存在于海水、盐湖、盐井水，还有岩盐矿中。氯化钠是无色透明晶体，属立方晶系，密度 2.17 克 / 厘米 ^{3}，熔点 802.018℃，沸点 1465℃。溶于水、甘油，微溶于乙醇。溶液显中性，溶解度随着温度升高略有增大。

食盐可由海水、盐湖、盐井卤水浓缩制得。将粗制食盐溶于水中，滤去不溶性杂质，加入氯化钡、烧碱、纯碱，使硫酸根、钙、镁等可溶性杂质离子转变为沉淀，过滤除去；最后用纯盐酸将 pH 调至 7，浓缩溶液即得纯净氯化钠晶体。

食盐用于家常菜肴调味和食品加工。氯化钠是氯碱工业的主要原料，用于生产氯气、氢气、盐酸、氢氧化钠、次氯酸钠、氯酸钠、漂白粉等；电解氯化钠熔盐可制备金属钠和氯气。生理盐水是 0.85% 氯化钠水溶液。

氯化钠是人体细胞液和血液的组分，是维持体内渗透压平衡的主要盐分。缺少氯化钠会患缺钠症，发生口渴、恶心、肌肉痉挛、神经紊乱等症，甚至死亡；体内积累氯化钠过多会引起高血压，甚至诱发心脏病。

氯化镁

氯化镁的化学式是 $MgCl_2$。

氯化镁是白色闪光晶体，属六方晶系，密度 2.325 克 / 厘米³，熔点 714℃，沸点 1412℃。通常为无色而易潮解的六水合物 $MgCl_2 \cdot 6H_2O$ 结晶，加热时可脱水。这一反应被用于从盐卤制造盐酸。无水氯化镁只能在干燥的氯化氢气流中加热脱水后得到。

氯化镁主要用作电解生产金属镁的原料，也用于制造氯氧水泥、制冷盐水、絮凝剂、有机反应的催化剂、镁的助熔剂和焊接剂等。

硫酸镁

硫酸镁是硫酸盐，其化学式是 $MgSO_4$。存在多种水合物，常温下在溶液和大气中稳定存在的是 $MgSO_4 \cdot 7H_2O$，又称泻盐、苦盐、硫苦等。存在于自然界的矿物有硫镁矾矿（$MgSO_4 \cdot H_2O$）和苦盐（$MgSO_4 \cdot 7H_2O$），也存在于一些盐湖卤水中。

硫酸镁是白色细小的斜状或斜柱状结晶体，属正交晶系，密度 2.66 克 / 厘米³，易潮解，易溶于水，微溶于乙醇、乙醚和甘油；熔点 1127℃，加热到更高温度时完全分解为 MgO、O_2、SO_2、SO_3。$MgSO_4 \cdot 7H_2O$ 为无色晶体，属正交晶系，密度 1.67 克 / 厘米³，

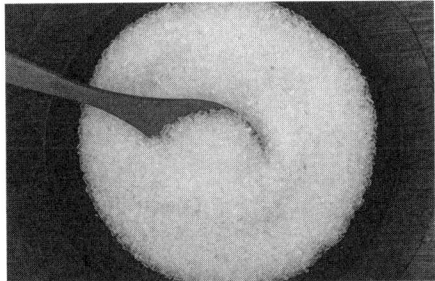

硫酸镁

150℃ 失去 6 个结晶水，250℃ 失去全部 7 个结晶水。

工业上用硫酸中和氧化镁、氢氧化镁或碱式碳酸镁制备，也可从盐湖苦卤中用蒸发法结晶得到 $MgSO_4 \cdot 7H_2O$。工业品溶于水，调节 pH，沉淀除去杂质，再重结晶可得纯品。$MgSO_4 \cdot 7H_2O$ 加热分解可得到无水硫酸镁，它是常用的化学试剂和干燥试剂。

硫酸镁用作纺织品的媒染剂、整理剂，还用于瓷器、颜料和防火材料制造；用作水泥的助凝剂。$MgSO_4 \cdot 7H_2O$ 可用作镁肥、饲料添加剂、微生物培养基成分，在医药上可抑制中枢神经系统，松弛骨骼肌，具有镇静、抗痉挛及减低颅内压等作用，口服硫酸镁也可用作泻盐。$MgSO_4 \cdot 7H_2O$ 作为泻盐，一般是无毒的；但大剂量内服时，会使神经、肌肉麻痹并致心力衰竭。

氯化钙

氯化钙的化学式是 $CaCl_2$，是典型的离子型卤化物。

室温下，无水氯化钙为白色、硬质晶体或粉末，属立方晶系，密度 2.15 克 / 厘米 ^{3}，熔点 775℃，沸点 1935.5℃。氯化钙可生成多种水合物，它们稳定存在的温度范围如下表。

物质	稳定温度范围 /℃
$CaCl_2 \cdot 6H_2O$	−49.9 ～ 29
$CaCl_2 \cdot 4H_2O$	29 ～ 45
$CaCl_2 \cdot 2H_2O$	45 ～ 175

续表

物质	稳定温度范围 /℃
$CaCl_2 \cdot H_2O$	$175 \sim 260$
$CaCl_2$	> 260

无水氯化钙和它的水合物皆易吸湿潮解，用无水氯化钙干燥后的 $25℃$、1升空气中仅残留 0.34 克水。氯化钙易溶于水，同时放出大量热，其水溶液呈微酸性。与氨、乙醇可生成加合物如 $CaCl_2 \cdot 8NH_3$、$CaCl_2 \cdot 4C_2H_5OH$。低温下溶液结晶而析出的为六水物，逐渐加热至 $30℃$ 时则溶解在自身的结晶水中，继续加热逐渐失水，至 $200℃$ 时变为二水物，再加热至 $260℃$ 则变为白色多孔状的无水氯化钙。

工业上利用氨碱法制纯碱的母液回收氯化钙，也可用盐酸与石灰石粉反应制备。母液在 $45℃$ 以上结晶过滤后的产品为 $CaCl_2 \cdot 2H_2O$，在室温结晶过滤后的产品为 $CaCl_2 \cdot 6H_2O$。$CaCl_2 \cdot 2H_2O$ 在 $260 \sim 300℃$ 下干燥脱水可得无水氯化钙。

无水氯化钙

无水氯化钙是电解制备金属钙的原料，用作水泥缓凝剂，还是工业和实验室常用干燥剂，用于氮、氧、氢、氯化氢、二氧化硫等气体的干燥，但不能用于氨。生产醇、酯、醚和丙烯酸树脂时用作脱水剂。氯化钙混入土壤可改良酸性土质，增强吸湿性能。氯化钙水溶液喷洒路面可以防尘、融雪，还可用作冷冻载体、制冰和冷冻食品。实验室常用 $CaCl_2·6H_2O$ 和冰的混合物（1.44∶1）充作制冷剂，可降温至 -54.9℃。

硫酸钠

硫酸钠的化学式是 Na_2SO_4。俗称无水芒硝、元明粉。

自然资源中有海水型咸水、硫酸盐 - 碳酸盐型咸水，以及含有芒硝（$Na_2SO_4·10H_2O$）、无水芒硝、钙芒硝（$CaSO_4·Na_2SO_4$）、白钠镁矾（$Na_2SO_4·MgSO_4·4H_2O$）和各种水合硫酸盐的矿床。

◆ 性质

硫酸钠为白色晶体或粉末，属正交晶系，密度 2.7 克 / 厘米³，熔点 884℃；溶于水，溶于甘油，不溶于乙醇。水溶液呈中性。暴露于空气中容易吸收水分形成含水硫酸钠。其结晶水化合物有两种，一种是七水合硫酸钠 $Na_2SO_4·7H_2O$，为白色正六或四方晶体，24.4℃ 时失水。另一种是十水合硫酸钠 $Na_2SO_4·10H_2O$，无色单斜晶体，密度 1.46 克 / 厘米³，易溶于水，100℃ 时失去结晶水变成无水硫酸钠，在干燥空气中易风化变成无水白色粉末。

硫酸钠化学性质稳定，不溶于强酸、强碱，吸湿，可与部分盐发生复分解反应生成沉淀。

◆ 制备

包括：①真空蒸发法。将天然芒硝溶解后澄清，澄清液进行真空蒸发脱水、增稠、离心分离、干燥，制得无水硫酸钠。②钙芒硝法。将钙芒硝矿石粉碎，加水球磨、浸取，浸取芒硝液经过滤除去杂质、滤液澄清后，再经蒸发脱水、离心分离、干燥制得无水硫酸钠。③盐湖综合利用法。主要用于含有多种组分的硫酸盐－碳酸盐型咸水。在提取各种有用组分的同时，将粗芒硝分离出来。例如，加工含碳酸钠、硫酸钠、氯化钠、硼化物及钾、溴、锂的盐湖水，可先碳化盐湖卤水，使碳酸钠转化成碳酸氢钠结晶出来；冷却母液至 5 ～ 15℃，使硼砂结晶出来；分离硼砂后的二次母液冷冻至 0 ～ 5℃，析出芒硝。

◆ **应用**

硫酸钠是一种重要的化工原料，是生产硫化钠、硅酸钠等化工产品的主要原料，还可用作合成洗涤剂的填充剂，造纸工业中用于制造硫酸盐纸浆时的蒸煮剂，医疗上用作利尿剂、缓泻剂和钡盐中毒的解毒剂。

◆ **注意事项**

储存于阴凉、通风的库房，远离火种、热源，与酸类等分储分运。

岩 盐

岩盐是钠盐矿的主要矿物组分之一。化学成分为氯化钠。又称石盐、矿盐。与海盐、湖盐一样，是人类获取氯化钠的主要来源。

岩盐为立方晶系，通常呈粒状或块状集合体。纯者无色透明或呈白色，常因含杂质而呈灰、黄、红、蓝或黑褐色等。玻璃光泽，风化面呈油脂光泽。硬度 2 ～ 2.5，相对密度 2.16。易溶于水，味咸。吸湿性强，易潮解。常产于气候干旱的内陆盆地、潟湖和海湾沉积物中。以其硬度、晶形、味咸、易溶于水为鉴定特征。主要用作食用盐及食物防腐剂，也是制碱、盐酸和氯气等的原料，还可用于提炼金属钠。

岩盐矿石   岩盐湖泊

石　盐

　　石盐是卤化物矿物。化学成分为 NaCl，晶体属等轴晶系。由石盐组成的岩石，称为岩盐。

　　石盐的英文名称来自希腊文 halos，是盐的意思。中国是世界上开凿盐井最早的国家，早在战国末期，四川成都双流一带凿井制盐昌盛，古代盐井深度达千米以上。石盐是典型的离子化合物，其晶体结构是 AX 型化合物的典型结构：氯离子做立方最紧密堆积，钠离子充填全部八面体空隙，阴阳离子配位数均为 8。

　　石盐成分中常含溴、铷、铯、锶及气体、卤水、泥沙、碳酸盐、硫酸盐等杂质。在钾盐矿床中的石盐，常具有光卤石、钾石盐等微细包裹体。最常见的晶形为立方体，其次是八面体、菱形十二面体及其聚形。快速生长条件下的晶体，立方体晶面上常形成漏斗状骸晶。次生或重结晶的石盐多呈纤维状、拉长的柱状。表生形成的石盐呈盐华状、葡萄状、钟乳状、盐笋等。现代盐湖里有珍珠状、扁砾状石盐，珠状粒径可达 3～4 厘米，又称珍珠盐。纯净石盐为无色透明，经常被杂质染成黄、红、蓝等各种颜色。玻璃光泽，风化表面具油脂光泽。莫氏硬度 2。密度 2.1～2.2 克/厘米^3。解理完全。性脆。弱导电性。极高导热性。能潮解，易溶于水，难溶于酒精。味咸。

石盐是典型的沉积矿物，主要产于干旱条件下的内陆湖盆，与海水有联系的封闭、半封闭的海湾、潟湖和内海；在蒸发量大于补给量环境里，会演化成盐湖、形成盐层。与石盐共生的矿物有钾石盐、光卤石、石膏、硬石膏、杂卤石、钙芒硝等。中国除沿海各省盛产海盐之外，古代和现代石盐资源都很丰富，分布区十分广泛。古代盐矿主要分布在四川、新疆、云南、江苏、江西、湖南、湖北、河南等省和自治区；现代盐湖石盐主要分布在青海、内蒙古、新疆、甘肃等省和自治区。著名产地有青海柴达木盆地察尔汗和大风山，内蒙古阿拉善盟吉兰泰，西藏扎仓茶卡，新疆艾丁湖和库车，湖南衡阳盆地，云南勐野井，四川珙县凿井、江西会昌周田等。四川自贡、云南中部和西部等有丰富的天然卤水矿床，可从中提取石盐。世界大型石盐矿床有美国萨莱纳盆地、堪萨斯州和新墨西哥州，摩洛哥海米萨特省，意大利西西里岛，乌兹别克

石盐晶体（7 厘米，青海）

斯坦的费尔干纳，德国萨克森，巴基斯坦旁遮普省等。石盐是食物调味品和防腐剂不可缺少的物质，是用于提炼金属钠，生产氯气、盐酸、碳酸钠、氢氧化钠、硫酸钠、除草剂、纺织业染色剂、融雪剂等的矿物原料。

钾石盐

钾石盐是卤化物矿物。化学成分为 KCl，晶体属等轴晶系。曾名钾盐。

钾石盐是钾盐矿物中含钾最高的矿物，含钾量达 52.4%，常有锶、铷、铯、碘类质同象混入物和氯化钠、赤铁矿、杂卤石、硬石膏等杂质。晶体常呈立方体、八面体或二者聚形，有针状、粒状及块状集合体。纯净钾石盐为无色透明，常被杂质染成乳白色、灰色、玫瑰色、褐红色等。

钾石盐块状集合体

玻璃光泽。莫氏硬度 1.5 ～ 2.0。密度 1.97 ～ 1.99 克 / 厘米 ^{3}。易潮解，易溶于水。味苦咸而涩。不导电。具逆磁性。在阴极射线下发天蓝色或紫色荧光。钾石盐的成因与石盐相似，由于钾石盐有较大的溶解度，是继石盐沉积之后才沉积的。与石盐、光卤石、杂卤石、硬石膏、泻利盐、钾盐镁矾等矿物共生。钾石盐还能由光卤石分解和火山升华作用而成。钾石盐是重要的钾盐矿石矿物，主要用作植物生长必不可少的钾肥；是化学工业提炼钾的重要矿物原料之一，并用钾生产 KOH、K_2CO_3、KNO_3、$KClO_3$、$KMnO_4$、KCN 等；还用于纺织、医药、洗涤剂、玻璃、陶瓷、颜料、炸药、航空汽油等行业。世界著名钾石盐产地有俄罗斯乌拉尔山脉地区、白俄罗斯斯塔罗宾、美国新墨西哥州特拉华盆地、德国施塔斯富特矿床、加拿大萨斯喀彻温。中国钾石盐矿产地主要是青海柴达木盆地察尔汗盐湖、大浪滩和云南思茅勐野井。

卤化物矿物

卤化物矿物是金属阳离子与氟、氯、溴、碘相结合的化合物。

已知有近百种卤化物矿物，其中主要是氯化物，其次是氟化物，溴化物和碘化物极为少见。主要是钾、钠、镁、钙等碱金属和碱土金属元素所形成的卤化物矿物，纯者透明无色，常被杂质染成各种颜色，玻璃光泽、密度低、硬度小、导电性差、易溶于水等；而铜、铅、银、汞等元素的卤化物矿物，比前者颜色深，透明度减弱，金刚光泽、硬度和密度增大、导电性增强、具有延展性。卤化物主要在热液和表生条件下形成。热液作用主要形成氟化物矿物，有大量萤石产出，形成萤石矿床。在干旱的内陆盆地、潟湖海湾环境里，有利于氯化物、溴化物、碘化物的沉积，形成石盐、钾石盐等矿床。卤化物矿物还见于火山喷气作用产物中，如意大利维苏威火山有大量卤砂（sal-ammoniac，NH_4Cl）产出而闻名于世。卤化物矿物具有广泛用途，是钢铁、玻璃、化工、电子、农肥、医药，直至人类食物调味品都不可缺少的物质。一些卤化物矿物特征见下表。

矿物名称及化学组分	晶系	形态	颜色	莫氏硬度	密度/（克·厘米^3）	解理	其他
萤石 CaF_2	等轴	粒、块、土状	白、绿、紫	4	3.18	完全	荧光、磷光、热光性

矿物名称及化学组分	晶系	形态	颜色	莫氏硬度	密度/（克·厘米³）	解理	其他
氟镁石 MgF_2	四方	柱、粒状	白、浅紫	4～5	3.14～3.17	完全	硬度异向性明显
冰晶石 $Na_2[NaAlF_6]$	单斜	块、粒状	白、浅棕红	2～3	2.95～3.10	无	细粒烛火可熔
氟铈石 CeF_2	六方	柱、板、粒状	蜡黄、浅褐	4～5	5.93～6.14	中等	解理面呈珍珠光泽
石盐 $NaCl$	等轴	粒、柱、纤维状	无、灰黑等	2	2.1～2.2	完全	弱导电、高导热、味咸
钾石盐 KCl	等轴	粒、块状	无、褐等	1.5～2	1.97～1.99	完全	导电性强、味苦咸涩
光卤石 $KCl·MgCl_2·6H_2O$	斜方	纤维、粒、块状	无、红褐等	2～3	1.602	无	强荧光、吸水、辛辣
水氯镁石 $MgCl_2·6H_2O$	单斜	短柱、粒、片状	无	1～2	1.590	无	可塑性大、辣而苦
南极石 $CaCl_2·6H_2O$	六方	粒、柱状	白、淡红等	1～2	1.715	无	易潮解成糊状
钾铁盐 $K_3Na[FeCl_6]$	三方	菱面体、粒状	无、褐黄等	3	2.35	中等	味涩
角银矿 $Ag（Cl，Br）$	等轴	皮壳、薄膜状	无、浅褐等	1～2	5.55	无	具延展性
溴银矿 $Ag（Br，Cl）$	等轴	块、皮壳状	灰黄、褐等	2.5	6.47	无	具延展性
碘银矿 AgI	六方	团块状	无、淡黄	1.5	5.69	完全	具延展性

第 2 章

咸味制品

咸味是由 NH^{4+}、Na^+、K^+、Ca^{2+}、Mg^{2+} 等阳离子的盐带来的味感。

食盐的咸味仅 $NaCl$ 具有，其他的盐都呈不同的味感。例如，与 $NaCl$ 阳离子相同的盐有 Na_2SO_4 和 Na_2HPO_4，其味感与 $NaCl$ 大不相同。另外，与 $NaCl$ 阴离子相同的盐如 KCl 等也与 $NaCl$ 呈不同的味感。咸味由阳离子带来，但阴离子会影响味感。阳离子相同的盐会因阴离子的不同而呈现不同的咸味。尽管咸味是中性盐呈现的味感，但除 $NaCl$ 外，其他中性盐的呈味均不够纯正。咸味的味觉神经一般分布在舌头中段的两侧位置。

咸 肉

咸肉是以猪肋条肉为原料，经食盐和其他辅料腌制，不经熏煮脱水等工序加工而成的生肉制品。又称腌肉、渍肉、盐肉。

咸肉是大众化的食品，味美可口，加工简单，费用低，可长期保存。

按原料肉的部位不同可将咸肉其分为连片、段头和成腿。连片以整个半片猪胴体为原料，无头尾、带脚爪，腌成后每片重 13 千克以上；段头以不带后腿及猪头的猪肉体为原料，腌成后重 9 千克以上；成腿又称香腿，以猪后腿为原料，腌成后质量不低于 2.5 千克。

通过向肉品中加入食盐，可提高渗透压，抑制或杀灭肉品中的部分微生物，同时减少肉制品的含氧量，并抑制酶活性，从而达到食品保藏的目的。腌制过程中，蛋白质有一定量的损失。若贮存不当，脂肪组织可在空气、阳光等因素的作用下，发生水解和不饱和脂肪酸的自身氧化，甚至发生酸败，使营养价值降低。另外，由于加入食盐可使鲜肉中的水分析出，肉局部脱水，导致部分水溶性维生素（如 B 族维生素）丢失，同时损失部分无机盐。

质量上乘的咸肉应外观清洁，刀工整齐，肌肉坚实，表面无黏液，切面的色泽鲜红，肥膘稍有黄色。食用前需用盐水（浓度应低于咸肉所含盐水的浓度）漂洗除盐。经过几次漂洗，最后用淡盐水冲洗即可。

中国多个地区生产咸肉，其中浙江咸肉、四川咸肉、上海咸肉等较为著名。中国浙江生产的咸肉称南肉，苏北产的咸肉称北肉。

缠丝兔

缠丝兔是经腌制、晾晒或烘烤等工艺制成的兔肉生肉制品。又称蚕丝兔。

四川省和重庆市的传统兔肉腌腊制品，其中以四川广汉的驰名。在食用前需要经过一定的清洗和熟制加工，具有浓郁的腌制风味，且颜色红棕，肉质紧密，咸味较浓。

缠丝兔制作流程：原料验收→预处理→腌制料配制→腌制→晾挂→缠丝→风干→成品。将经检验合格的白条兔清洗干净后进行腌制。可用干腌法或湿腌法。干腌法的腌制料由食盐、五香粉等研磨混匀配制而成。装缸时每装一层兔肉，撒一层腌制料，尽量均匀，密封腌制。在干腌过程中，每隔 2 小时翻缸 1 次，干腌时间一般为 2 天左右。湿腌法腌制液由食盐、酱油、料酒、白糖、五香粉等加沸水后冷却配制而成。将清洗干净的白条兔放入缸中，倒入腌制液，腌制约 10 小时即可出缸。出缸后晾挂约 5 小时，沥干，然后缠丝。缠丝分为密缠、中缠、疏缠 3 种，其中以密缠为最佳，丝间距离宽度约 10 厘米，从兔头部开始缠起，直至前肩、颈部、后腿。在缠丝过程中同时进行整形，胸部、腹部包裹紧，前肢塞入前腔内，后肢拉直。缠丝造型时，要求将兔体缠紧、扎实，横放时形似卧蚕，故又称蚕丝兔。风干方式分为自然风干和人工控温风干两种。前者为室外风干，一般需 3 ～ 4 天，再转室内晾挂 2 ～ 3 天即为成品。人工控温风干可根据实际条件进行不同设置。

缠丝兔作为节日特色食品，消费者可以蒸煮、卤制熟化后食用。

腌制蔬菜

腌制蔬菜是将蔬菜用食盐进行腌制后的产品。又称腌菜、咸菜。

腌制蔬菜是人类自古发明的传统加工蔬菜，加工简易，成本低廉，产品易于保存。有些更是地方传统名菜，如糖醋大蒜、榨菜、雪菜等。

按照生产工艺和口感，腌制蔬菜可分为盐渍类（湿态、半干态和干态）、酱渍类、糖醋渍类、盐水渍类、清水渍类和菜酱类等。根据加工过程中是否产生发酵，可分为发酵和非发酵两大类，其中发酵类常因变酸而被称为酸菜或泡菜。

腌制蔬菜的一般工艺包括挑选、除杂、分级、凋萎、盐腌、压实等。盐腌有干腌与湿腌两种，前者采用一层盐一层菜的方法进行，有时还须踏实；后者则将蔬菜浸泡在盐水中。腌制蔬菜也强调品种的适应性，如萝卜等并非所有的品种都适于腌制，一般质地致密、水分含量少、肉质细腻的较好。

腌制蔬菜具有独特的色、香、味，是传统的佐餐食品。蔬菜经腌制后，原料菜所具有的一些辛辣、苦、涩等令人不快的气味消失，同时形成各种腌菜制品所特有的鲜香气味。腌制蔬菜还可与其他调味方法结合，进一步开发成各种产品，如糖醋味、酱渍、酸辣味等。

传统腌制的目的在于保存蔬菜，咸度往往太高。现代腌菜常与真空包装与杀菌相结合，制成小包装腌菜。冷链普及后，腌制蔬菜可在低盐的前提下低温流通，感官品质和保质期均有很大提高。腌制菜的亚硝酸盐含量是消费者关注的问题之一，研究表明，腌制成熟的蔬菜亚硝酸盐含量较低，而暴腌的产品则相对较高。

酸　菜

酸菜是腌制过程中经乳酸发酵变酸的腌制蔬菜。

饮食中酸菜可作为开胃小菜、下饭菜，也可作为各种烹饪的原料或作调味料。酸菜风味和口感因各地做法不同而异，法国酸黄瓜、德国酸甘蓝等是世界著名酸菜。中国的酸菜根据地区不同，可分为东北酸菜、四川酸菜、贵州酸菜、云南富源酸菜等。不同地区的酸菜口味风格也不尽相同。酸菜常用青菜或白菜作为原料。人工加酸化剂调味的产品不属于酸菜。

酸菜的腌制一般包括选择、去除外部坏叶、清洗干净、凋萎、盐水腌制、压实。约一个星期后即可食用。在腌制酸菜的过程中，保持盐水的密封和维护无氧环境至关重要。为了提高腌制效果，降低亚硝酸盐的形成，常采用人工培养的乳酸菌接种腌制。

泡　菜

泡菜是经过发酵的腌制蔬菜。一种特殊的酸菜。

泡菜的加工工艺一般包括挑选、分级、清洗、切分、密封泡制等。中国泡菜以四川为典型，味道咸酸，口感脆生，色泽鲜亮，可用多种蔬菜和辛香料作为调料。为加速发酵效果，提高泡制速度，降低亚硝酸盐的形成，常采用人工培养的发酵剂接种腌制。

泡菜的原理可用于制作果蔬酵素，酵素中的一个种类是由各种果蔬汁或果蔬浆经轻微乳酸发酵而成。

中国泡菜与韩国泡菜是两种常见的泡菜。中国泡菜采用各种应季蔬菜，如以白菜、甘蓝（卷心菜）、胡萝卜、辣椒、芹菜、黄瓜、菜豆、莴笋等质地坚硬的根、茎、叶、果作为原料，一般都是泡在密封的淡盐水里发酵而成。韩国泡菜是以大白菜为主要原料，以各种水果、海鲜及肉料为配料的发酵食品。

酱加工技术

酱加工技术是以肉类、谷物、水果等为原材料，经过一定工艺发酵制作成酱的技术。

酱是中国古代劳动人民对世界饮食文化的贡献，中国历史时期出现了如肉酱、豆酱、果酱等不同种类的酱。酱，周朝又称作醢，这一时期已经出现了肉酱，有"七醢"和"三臡"，七醢是用各种动物肉制成的肉酱，三臡是用麇、鹿、麋三种野生动物的肉制成的肉酱。肉酱制作方法简单，先把不带骨头的肉晒干，之后在上面撒上米麹和盐，倒入酒等腌渍，放入甀中一百天。

最迟到了汉朝，与后世无异的豆酱已经产生。《急就篇》中说，"酱，以豆合面而为之也"，这是中国古代以豆、麦为原料制作豆酱的最早记录。豆中含高蛋白，麦中含有较多淀粉，二者配合，加上适量的盐、糖等配料，在毛霉菌的作用下发酵便制成了美味的豆酱。

此外，豆酱的制作对时间、气候也有一定的要求。《齐民要术·作酱法》认为，一年中的十二月、正月是最好的时间，二月其次，三月再其次。因为在制作豆酱的过程中需要制曲，天气太热太湿对制曲都不利。王充在《论衡》里也说，"世讳作豆酱恶闻雷"，说明人们忌讳在制酱时遇到雷雨等阴湿天气。

果酱作为酱的一种，到了明清时期出现了醋酸梅酱、乌梅酱等新的种类。明朝《广群芳谱》记载了梅酱的制作方法：取成熟的梅子十斤，蒸熟去掉果核，只留下果肉，每一斤果肉加三钱盐，然后搅拌均匀，放在太阳里暴晒，待颜色变成红黑色时方可收回。饮用时可以加白豆蔻仁等，并加些饴糖调匀。

酱

酱是以豆类、小麦粉、水果、肉类或鱼虾等物为主要原料加工而成的糊状调味品。是调味品中的一大类。

古代曾以动物如雉、鹿、獐、兔、雁、牛、羊、鱼、虾等的蛋白质为原料加曲加盐发酵制成酱，称为醢酱，亦称醢。西汉时已有用大豆制酱的记载。《齐民要术》作酱法中有豆酱法、肉酱法、鱼酱法、虾酱法等记载。现代以粮食为原料，利用以米曲霉为主的微生物，经发酵酿制成各具独特色泽和酱香、咸甜适口、滋味鲜美的多种糊状调味料。将花生、芝麻磨成细腻的糊状酱，称为花生酱、芝麻酱，也可作调味料。辣椒腌制后磨细成酱，称为辣椒酱，又称辣酱。

酱按原料及生产工艺分为多种。①以大豆和面粉为原料酿制的豆酱，有豆瓣酱、黄豆酱、双缸酱等。②以蚕豆和面粉为原料酿制的蚕豆酱。其中，加入辣椒酱则成蚕豆辣酱，又称豆瓣辣酱，著名的有四川资阳豆瓣辣酱和安徽安庆豆瓣辣酱。③以面粉为原料酿制的面酱，又称甜面酱、甜酱。④豆酱（或蚕豆酱）磨细，与甜酱、辣酱混合，再加入虾米、火腿、牛肉、鸡肉、猪肉、蘑菇、花生酱、芝麻酱等辅料，配制成各种花色辣酱。⑤中国东北地区以豆饼为原料，酱醪经发酵成熟后磨成黏稠适度的糊粥状，称为大酱。

豆酱酿制过程是先将大豆洗净，浸泡、沥干后蒸熟。接入纯粹培养的米曲霉所制种曲或曲精（由种曲经低温干燥后分离其分生孢子），采用厚层通风制豆曲。豆曲在发酵容器内发酵，直至酱醪成熟。成品红褐色而带光泽，具有酱香，味鲜美，咸淡适口。蚕豆酱酿造方法与豆酱基本相同。

面酱酿制过程是用拌和机将面粉、水充分拌和成碎面块，送入常压蒸锅蒸熟。也可让碎面块连续进入蒸料机，蒸熟的面糕从下部连续出料。当面糕冷却后，接入种曲或曲精制成面糕曲，再装入发酵容器，注入热水保温发酵，直至酱醅成熟，变成浓稠带甜的酱。成品黏稠适度，黄褐色有光泽，味甜而鲜，微咸，具有面酱独特的香气。

酱中的含氮物质有蛋白质、多肽、肽；氨基酸有酪氨酸、胱氨酸、丙氨酸、亮氨酸、脯氨酸，天冬氨酸、赖氨酸、精氨酸、组氨酸、谷氨酸等；糖类以糊精、葡萄糖为主，也含少量戊糖、戊聚糖；此外，尚有腐胺、尸胺、腺嘌呤、胆碱、甜菜碱、酪醇、酪胺和氨等。大豆约含18%脂肪，在制酱过程中基本无变化，故酱中所含脂肪，基本都存于豆瓣中。酱中挥发性酸类有甲酸、乙酸、丙酸等；不挥发性酸类有乳酸、琥珀酸、曲酸等。其他有机物有乙醇、甘油、维生素、有机色素等；无机物除水、食盐外，尚有随原料带入的硫酸盐、磷酸盐、钙、镁、钾、铁等。

复合酱

复合酱是以豆酱、面酱为基料，添加其他辅料调配混合制成的酱类。

主要品种有蒜蓉辣酱、海鲜辣椒酱、多味酱等。①蒜蓉辣酱。主要以豆酱、甜面酱、蒜瓣为原料，配以其他调味料加工而成。此产品色泽酱黄，蒜香味浓，可口开胃。②海鲜辣椒酱。由精虾油腌制辣椒酱及辛香料等原料配合而成。此产品色泽鲜红，口感细腻，鲜辣可口，是佐餐佳肴，同时也可作为方便面的调料。③多味酱。以黄酱为主，添加各种调味料，使其各味俱全，风味独特，与怪味酱近似。

豆　酱

豆酱是以蚕豆或黄豆为主要原料制成的酱。又称豆瓣酱。

豆酱的主要原料为蚕豆或黄豆、面粉、辣椒、食盐等，辅料有植物油、糯米酒、味精、蔗糖等。酿制豆瓣酱的辣椒以鲜椒腌制的为好。四川地区在生产中采用蚕豆子叶浸泡后不经蒸熟的生料制曲工艺，保持了成品外观瓣形完整而且口感良好的特点。

豆酱起始于民间，原产于四川资中、资阳和绵阳一带，20世纪初作为商品流入长江中下游，当时人们称为"资川酱"，又称"川酱"。各地已普遍生产，北方地区也有少量生产。有些为地方特产，如四川资阳临江寺豆瓣辣酱、安徽省安庆豆瓣辣酱都各具特色。

黄豆酱

面　酱

面酱是以面粉为主要原料生产的酱类。由于滋味咸中带甜，又称甜酱。

面酱的生产工艺主要有糊化和糖化两个步骤。①糊化。将面粉蒸熟，使其中的淀粉糊化。②糖化。用米曲霉分泌的淀粉酶将淀粉分解为糊精、麦芽糖及葡萄糖。曲霉菌丝繁殖越旺盛，则糖化程度越强。糖化作用在制曲时已经开始进行，在酱醅发酵期间，进一步加强。面粉中的少量蛋白质在曲霉所分泌的蛋白酶的作用下，被分解成为氨基酸，从而使甜酱具有鲜味。

实际生产中面酱有南酱园做法和京酱园做法两种，简称南做法和京做法。它们之间的区别在于：南酱园是将面蒸成馒头，而后制曲拌盐水发酵；京酱园是将面粉拌入少量水搓成麦穗形，而后再蒸，蒸完后降温接种制曲，拌盐水发酵。南做法面酱的特点是利口、味正。京做法面酱的特点是甜度大，发黏。

面酱已远销日本和其他国家，是烤鸭的必备调味品，也是烹调中的调味佳品。

酱渍菜类

酱渍菜类是以蔬菜为主要原料，经腌渍成蔬菜咸坯后，浸入酱或酱油酱渍而成的蔬菜制品。

根据调味料的不同，可将其分为酱渍菜和酱油渍菜两种类型。①酱渍菜。用甜面酱、黄酱和豆瓣酱制作的小菜，俗称酱菜。将蔬菜先腌制成半成品菜坯，再放入各类酱中进行酱制。也有把原料直接放入酱内进行酱制的。中国许多传统名优酱菜制品，都属于酱渍菜。②酱油渍菜。用酱油泡制各种蔬菜原料或脱盐后的咸菜坯半成品制作的小菜。与酱渍菜相比，酱油渍菜制作简单，成本较低，口感风味可以适应不同层次消费者和不同地区、不同习惯人群的需求。因此，酱油渍菜易于推广，前景较好。

酱渍菜类制品的制作依靠扩散和吸附作用，使酱或酱油中的氨基酸、糖等可溶性成分，以及酱中的色素、香气和滋味吸附、渗透到菜坯内，制成滋味鲜美的酱菜，如扬州酱黄瓜、北京八宝菜、天津什锦酱菜等。

糖醋渍菜

糖醋渍菜是将蔬菜盐腌制成咸坯，经脱盐、脱水后，用糖和醋腌渍而成的蔬菜制品。

根据加工方式可分为：①糖渍菜。主要以食糖、蜂蜜为辅料，添加少量桂花、食盐等调味品制作而成，以甜为主，或甜而微酸、稍咸，如白糖大蒜、甜酸乳瓜、桂花糖熟芥等。②醋渍菜。用食醋浸渍而成的蔬菜制品，以酸为主，略带咸味，如酸笋等。③糖醋渍菜。使用食糖、食醋混合浸渍而成的蔬菜制品，甜酸适口，别具一格，如甜酸荞头、糖醋酥姜、糖醋大蒜等。

腌渍菜

腌渍菜是以新鲜蔬菜为主要原料，采用不同腌渍工艺制作而成的各种蔬菜制品的总称。

人类经过几千年的实践，根据各自不同的口味、爱好，使用多种调味料，可以将同一种蔬菜制成多种不同味道的腌渍菜。按生产工艺及辅料不同，腌渍菜一般分为以下几大类。

①酱渍菜。以蔬菜为主要原料，经盐腌或盐渍成蔬菜咸坯后，再经酱渍而成的蔬菜制品。中国酱渍菜主要有酱曲醅菜、麦酱渍菜、甜酱渍菜、黄酱渍菜、甜酱与黄酱混合渍菜、甜酱与酱油混合渍菜、黄酱和酱油混合渍菜、酱汁渍菜 8 类，如酱菜瓜、酱黄瓜、酱莴笋、酱姜、酱金针菜、酱什锦菜、酱八宝菜、酱包瓜、酱茄子等。

②糖醋渍菜。蔬菜咸坯经脱盐、脱水后用糖渍或醋渍或糖醋混渍制成的蔬菜制品。糖醋渍菜是在传统的糖渍菜和醋渍菜基础上发展起来的蔬菜制品，甜中带酸，甜而不腻，酸甜适口。主要产品有糖醋蒜、甜酸乳瓜、糖醋萝卜、糖醋莴苣等。

③虾油渍菜。以蔬菜为主要原料，先经盐渍，再用虾油浸渍而成的蔬菜制品。多以单一蔬菜品种加工而成，如北京的虾油黄瓜，沈阳的虾油青椒、虾油豇豆等。

④糟渍菜。以新鲜蔬菜为原料，经盐渍成咸坯后，再经黄酒糟或醪糟腌渍而成。在中国江南各地，自古以来就有糟菜的习惯。用酒糟做的产品有南京糟茄、扬州糟瓜；用醪糟做的糟菜有贵州独山盐酸菜。

⑤糠渍菜。新鲜蔬菜用 5%～6% 的食盐腌渍成咸坯后，以稻糠或粟糠拌和调味料、香辛料、着色剂混合腌渍制成。常见品种有米糠萝卜、米糠白菜。

⑥酱油渍菜。以新鲜蔬菜为原料，经盐腌或盐渍成蔬菜咸坯后，贮存备用。精加工时，先降低蔬菜咸坯中的含盐量和含水量，再用酱油和其他香辛调味料共同腌制而成。如北京辣菜、榨菜萝卜、面条萝卜等，是中国生产量较大的一类腌渍菜。

⑦清水渍菜。以新鲜蔬菜为原料，经烫漂、浸凉、踩压至耐酸容器中，经过清水熟渍或生渍（乳酸发酵）制成的具有酸味的蔬菜制品。主要产品是北方酸白菜。

蔬菜中含有蛋白质、脂肪、糖、无机盐、维生素和水分，经过腌制后，蔬菜本身的营养成分虽有所改变，损失部分维生素，但却多了一些矿物质和调料中补充的营养成分。另外，一些酸性的腌渍菜中含有很多乳酸，可促进人体对钙的吸收，刺激胃液分泌，帮助消化。

盐渍（酱渍）蔬菜罐头

盐渍（酱渍）蔬菜罐头是选用新鲜蔬菜，经切块（片）（或腌制）后装罐，再加入砂糖、食盐、味精等汤汁（或酱）制成的罐头产品。

盐渍（酱渍）蔬菜罐头是蔬菜罐头的一种，如雪菜、香菜心罐头等，可直接食用，也可作为酱渍半成品。生产工艺流程为：原料选择→预处理→加入食盐→腌渍→倒缸→封缸→分装→排气→密封→杀菌→冷却→保温。

盐渍（酱渍）蔬菜罐头的技术要点主要有：①原料选择。凡肉质肥厚、组织紧密、质地嫩脆、不易软烂、粗纤维少的蔬菜均可作为加工盐渍菜的原料。②预处理。整理、清洗等。③腌制。清洗后需及时腌制。腌渍方法有干腌法和湿腌法。其中，干腌法又分为加压干腌法和不加压干腌法；湿腌法又分为浮腌法和泡腌法。④倒缸。使腌制品在池中上下翻动，或使盐水在池中上下循环。作用是散热，促进食盐溶解，消除不良气味。⑤封缸。盐渍30天左右即可成熟，如不立即食用，则可封缸保存。

酱　油

酱油是用豆、麦、麸皮酿造的液体调味品。中国的传统调味品之一。

◆ 发展简况

酱油从豆酱演变和发展而来。中国最早使用"酱油"的名称是在宋朝林洪著的《山家清供》中。此外，在古代酱油还有其他名称，如清酱、豆酱清、酱汁、酱料、豉油、豉汁、淋油、柚油等。唐天宝十四载（755）后，酱油生产技术随鉴真传至日本，后相继传入朝鲜、越南、泰国等国。

中国酱油色泽红褐、酱香独特，以粮食为主要原料，采用低盐固态、高盐稀态为主的发酵工艺和生物工程技术改造传统工艺，以加速生产过程中的机械化水平。

◆ 生产工艺

酱油用的原料是植物性蛋白质和淀粉质。植物性蛋白质普遍取自大豆榨油后的油饼，或溶剂浸出油脂后的豆粕，也有以花生饼、蚕豆代替的，传统生产中以大豆为主；淀粉质原料普遍采用小麦及麸皮，也有以碎米和玉米代替的，传统生产中以面粉为主。原料经蒸熟冷却，接入纯粹培养的米曲霉菌种制成酱曲，酱曲移入发酵池，加盐水发酵，待酱醅成熟后，以浸出法提取酱油。制曲的目的是使米曲霉在曲料上充分生长发育，并大量产生和积蓄所需要的酶。发酵过程中口味的形成就是利用这些酶的作用。如蛋白酶及肽酶将蛋白质水解为氨基酸，产生鲜味；谷氨酰胺酶把成分中无味的谷氨酰胺变成具有鲜味的谷氨酸；淀粉酶将淀粉水解成糖，产生甜味；果胶酶、纤维素酶和半纤维素酶等能将细胞壁完全破裂，使蛋白酶和淀粉酶水解得更彻底。同时，在制曲及发酵过程中，从空气中落入的酵母和细菌也进行繁殖并分泌多种酶。也可添加纯粹培养的乳酸菌和酵母菌。由乳酸菌产生适量乳酸，由酵母菌发酵生成乙醇，以及由原料成分、曲霉的代谢产物等所生成的醇、酸、醛、酯、酚、缩醛和呋喃酮等多种成分，虽多属微量，但却能构成酱油复杂的香气。此外，由原料蛋白质中的酪氨酸经氧化生成黑色素及淀粉经曲霉淀粉酶水解为葡萄糖与氨基酸反应生成类黑素，使酱油产生鲜艳有光泽的红褐色。发酵期间的一系列极其复杂的生物化学变化所产生的鲜味、甜味、酸味、酒香、酯香与盐水的咸味相混合，最后形成色香味和风味独特的酱油。

原料处理：分为饼粕加水及润水、混合、蒸煮。

制曲：分为冷却接种和厚层通风制曲。

发酵：成曲加热盐水拌和入发酵池，品温42～45℃，维持20天左右，酱醅基本成熟。

浸出淋油：将前次生产留下的三油加热至85℃，再送入成熟的酱醅内浸泡，使酱油成分溶于其中，然后从发酵池下部把生酱油（头油）徐徐放出，通过食盐层补足浓度及盐分。淋油是把酱油与酱渣过滤分离的过程，一般采用多次浸泡，依序淋出头油、二油及三油，循环套用把酱油成分全部提取。

后处理：将生酱油加热至80～85℃消毒灭菌，再配置（勾兑）、澄清及质量检验，得到符合质量标准的成品。

酿造酱油

酿造酱油是以大豆和（或）脱脂大豆（豆粕或豆饼）、小麦和（或）麸皮为原料，经微生物发酵制成的具有特殊色、香、味的液体调味品。

按发酵工艺不同分为两大类，即高盐稀态发酵酱油和低盐固态发酵酱油。①高盐稀态发酵酱油。以大豆和（或）脱脂大豆（豆粕或豆饼）、小麦和（或）小麦粉为原料，经蒸煮、曲霉菌制曲后与盐水混合成稀醪，再经微生物发酵制成的酱油。②低盐固态发酵酱油。以大豆及麦麸为原料，经蒸煮、曲霉菌制曲后与盐水混合成固态酱醅，再经微生物发酵制成的酱油。

再制酱油

再制酱油是以酿造酱油为基料，添加其他调味品或辅助原料进行加工再制的液体调味品。

再制酱油可分为：①液态再制酱油。利用酿造型调味汁液直接配制的产品，或经简易再加工获得的复制品。②固态再制酱油。以酿造酱油为基料，经加热或以其他方式浓缩并加入适当充填料制成的产品。稀释后用于调味，可分为酱油膏、酱油粉、酱油块等。③酱油状调味液。以主要原料水解液为基料，再经发酵后熟制成的调味汁液。以上类型均供调味用。

再制酱油原料与浓口酱油大致相同。再制酱油也是日本市售的酱油类型之一，但由于生产数量不大，因而未进行单独分类而暂时划入浓口酱油范围。

酱油状调味汁

酱油状调味汁是以蛋白酸水解液或蛋白酶解液与酿造酱油混合，再经发酵后熟制成的调味汁液。

酱油发源于中国，历史文献较早记载"酱油"的史料在东汉，当时称作"酱清"，"酱油"一词较早出现在北宋。它的原料主要由蛋白质原料和淀粉质原料构成，蛋白质原料主要有大豆、豆饼和豆粕，淀粉质原料一般选用面粉、小麦和麸皮。酱油利用蛋白质原料和淀粉质原料混合再加入一定量的食盐和水，由微生物发酵酿制而成。这些原料经过发酵工艺的酿造造就了酱油特殊的颜色、香气和味道，以及营养物质（如蛋白质、氨基酸、维生素等）的生成。

中国酱油大体分为两种：酿造酱油和配制酱油。酿造酱油是发酵制成的，而配制酱油是以酿造酱油为主体经过进一步加工配制而成的。中国的酱油酿造工艺主要分为低盐固态发酵法和高盐稀态发酵法，其中低盐固态发酵法为中国大部分酱油生产企业主要采用的发酵工艺，而基于高盐稀态法的酱油产品是在中国传统发酵工艺的支持下生产得到的。此外中国常用的酱油生产方式还包括天然晒露工艺、稀醪发酵工艺、固稀发酵工艺、固态无盐发酵工艺。

腐　乳

腐乳是豆腐经微生物复合发酵制成的植物奶酪型食品。又称豆腐乳、霉豆腐。

根据颜色不同，腐乳可分为白腐乳（白方）、红腐乳（红方）和青腐乳（青方）。白腐乳调味料主要包括黄酒和盐水（辣椒及麻油等为可选）；红腐乳调味料主要包括黄酒、盐水和红曲（辣椒及麻油等为可选）；青腐乳调味料主要为盐水。

根据腐乳前发酵过程中接种的微生物不同，中国腐乳的生产方式可以分为霉菌发酵型和细菌发酵型。①霉菌发酵型。豆腐坯通过接种纯种培养的霉菌，经一定时间的固体发酵，待豆腐坯上长出网状白色菌丝，即可进行腌制和后期发酵。大多数厂家都采用毛霉或根霉进行腐乳的酿造。由于毛霉发酵的腐乳相对根霉和细菌发酵的腐乳块形好，色泽均匀无孢子，酶系丰富，且不易被杂菌污染，因此市场上的腐乳的生产多是毛霉发酵生产的。②细菌发酵型。豆腐坯经天然培菌后保温发酵。由于天然培菌受环境制约，产品品质不稳定，不利于工业化生产。市场上只有少数通过接种细菌发酵的腐乳，如黑龙江省的克东腐乳。

腐乳质地细腻，营养丰富，富含植物蛋白质，不含胆固醇，在欧美被称为中国奶酪。

白腐乳

白腐乳是呈乳黄色、淡黄色或青白色，颜色表里一致的腐乳。

白腐乳并不具体指某一品种，而是因颜色相似而归为一个类型的产品。其中，较为典型的代表为糟方腐乳、霉香腐乳、醉方腐乳。白腐乳的主要特点是含盐量低，发酵期短，成熟较快，大部分在南方生产。

生产工艺是将大豆加水浸泡，经磨浆、滤浆、煮浆、点脑、压榨、切块而成豆腐白坯，再经接菌、前期培菌、搓毛、盐腌成为盐坯（也有不经盐渍成盐坯的），再将黄酒、甜酒或白酒及适量食盐与盐坯一

白腐乳

起装入坛中密封，经自然或人工保温发酵制成。这类产品主要作为佐餐小菜，其营养成分以蛋白质为主，含量在 11% 以上；脂肪含量 2% 以上；碳水化合物含量 3% 以上；每 100 克热量为 70 ～ 80 千卡。

白腐乳的特点为醇香浓郁，鲜味突出，质地细腻。

青腐乳

青腐乳是表面颜色呈青色或豆青色的腐乳。又称青方，俗称臭豆腐。是腐乳的一大类。

◆ 历史

北京王致和臭豆腐，相传有 300 余年的历史。清康熙八年（1669），安徽进京赴考的举子王致和，因落榜在京以经营豆腐为生，常因剩余的豆腐变质而苦恼，后试用盐水把发霉的豆腐腌起来，不料腌出来的豆腐变成豆青色，虽然闻着很臭，但吃起来却很香，于是在此基础上发展成为青腐乳。

◆ 生产工艺

青腐乳所使用的原料是大豆或脱脂大豆，辅料只用食盐和少量花

椒及干荷叶。其制作方法与其他腐乳大体相同，将大豆用水浸泡、磨浆、滤浆、煮浆、点脑、压榨、切块成豆腐白坯，白坯含水量较其他腐乳低，一般在 66%～69%（其他腐乳在 70%～75%）。经接菌、前期培菌得到毛坯，这种毛坯的菌丝体生长时间稍短一些，一般在 36 小时左右（其他腐乳在 48 小时左右），即毛霉菌体的孢子还未生成就要进行搓毛。后经腌制成盐坯，此种盐坯含盐量要比红腐乳低一些，一般为 11%～14%（红腐乳为 14%～17%）。然后用低度盐水做汤料，与盐坯一起装入坛内，并加入少许花椒，用浸湿泡软的荷叶覆盖坛口后密封，经自然和保温发酵后成熟，即为青腐乳成品。

◆ 营养价值

由于青腐乳发酵后使一部分蛋白质的硫氢基和氨基游离出来，产生硫臭和氨臭，但以硫化物的臭味为主，所以臭味很容易被感觉到。青腐乳因其分解较其他品种彻底，所以氨基酸的含量较为丰富，特别是青腐乳中含有较多的丙氨酸，使味觉感受到独特的甜味和酯香味。青腐乳的蛋白质含量为 14% 以上；脂肪可达 10% 以上；碳水化合物在 5% 以上；每 100 克热量为 74.5 万焦耳。青腐乳在发酵过程中产生的 B 族维生素很高，每 100 克青腐乳含硫胺素（维生素 B_1）0.02 毫克、核黄素（维生素 B_2）0.14 毫克，而维生素 B_{12} 的含量可高达 1.88～9.8 毫克。

青腐乳

酱腐乳

酱腐乳是表面和内部颜色基本一致，具有自然生成的红褐或棕褐色的腐乳。是腐乳的一个大类产品。

这类腐乳是在后期发酵中以酱曲（大豆酱曲、蚕豆酱曲、面酱曲）为主要辅料酿制而成的，酱香浓郁，质地细腻。它与红腐乳的区别是不添加着色剂红曲，与白腐乳的区别是酱香味浓而酒香味差。

酱腐乳的主要原料是大豆或脱脂大豆，以酱曲为主要辅料，有的产品则使用成品酱为辅料以增加酱香味和色度。但是酱曲在制酱过程中已把蛋白酶消耗掉，因此再将成品酱放入坛中与腐乳同时发酵，并不利于蛋白质的分

酱腐乳

解作用。所以现在大多将酱曲作辅料配汤，这样可以充分利用曲霉中的蛋白酶和淀粉酶。原料经过水浸泡、磨浆、滤浆、煮浆、点脑、压榨、切块成豆腐白坯，再经接菌、前期培菌、搓毛、盐腌而成为盐坯，把酱曲、黄酒及香辛料配成的汤料和盐坯一起装入坛中，密封后自然发酵或保温发酵，即得成品。

酱腐乳含蛋白质 14% 以上；脂肪含量 5% 以上；碳水化合物含量在 6% 以上；每 100 克的热量为 130 千卡。

红腐乳

红腐乳是表面呈鲜红或紫红色，断面为杏黄色的腐乳。又称红乳腐。北方称红酱豆腐，南方称红方或南乳，是腐乳中的一个大类产品。

制造红腐乳的原料主要是大豆或脱脂大豆，辅料有食盐、红曲、黄酒或其他酒类、面膏等。其制作过程是将大豆加水浸泡，经过磨浆、滤浆、煮浆、点脑、压榨、切块成豆腐白坯，再经接种、前期培菌、搓毛、腌制而成盐坯，再将用红曲、黄酒、面膏等配制的汤料与盐坯一起装入坛中密封，经自然或人工保温发酵后即为成品。由于使用了红曲作为着色剂，使腐乳的表面呈红色，这也是红腐乳的主要特点。

红腐乳

红腐乳的主要营养成分为蛋白质，含量在 14% 以上；脂肪含量 5% 以上；碳水化合物含量 6% 以上；每 100 克热量为 120～130 千卡。红腐乳滋味咸鲜适口，质地细腻，是一种十分普及的佐餐小菜及烹饪用调味料。

水产腌渍食品

水产腌渍食品是水产动植物原料经食盐或食盐与酒糟、白酒、黄酒等其他辅助材料腌制加工而成的水产制品。

水产动物原料主要以鱼类为主，其次是虾蟹类、头足类、贝类；水产植物原料主要以藻类为主。腌制已有上千年的应用历史，成为世界各国加工水产品的重要方法之一。其特点是操作简单、加工简便，尤其适用于短时间内处理大量原料。对于水分含量较高的水产品来说，通过腌制可使原料在集中收获期内及时得到处理，有效避免原料出现腐败变质，延长货架期，同时使腌制对象产生特有的风味。至 2017 年前后，水产腌制品产量约占全球水产品总量的 10%，中国、挪威、西班牙、冰岛、日本及部分东南亚国家既是水产腌制品的生产国，也是主要消费国，如印度每年有 32% 的鱼类是以咸鱼的形式消费。

　　水产腌制品是传统的水产加工制品，具有风味独特、保质期长的特点。水产腌制品由于原料品种不同、加工技术各异、腌渍辅料差别，形

盐渍海带

糟醉带鱼

醉蟹

醉泥螺

成了各具特色的水产腌制品，主要包括盐渍水产品、糟制水产品和醉制水产品等。盐渍水产品是以水产动植物为原料经食盐盐渍加工而成的水产制品，又称盐腌品，常见的有盐渍海参、盐渍带鱼、盐渍海带等。糟制水产品是以水产动植物为原料经盐渍和糟制加工而成的水产制品，常见的有糟黄鱼、糟鲳鱼、糟鲤鱼、糟青鱼等。醉制水产品则主要以鱼贝类为原料经盐渍和醉制加工而成的水产制品，醉制水产品突出浓厚酒香味，常见的有醉泥螺、醉虾、醉蟹等。

作为水产品的传统保藏方法，在当前条件下，腌制的"加工"目的越来越重要。水产腌制品以其风味独特、保质期长等特点，成为丰富百姓餐桌的重要水产加工制品。尽管市场上各种水产加工制品种类丰富，但水产腌制品仍然保持一定市场份额，并形成了具有显著特色的区域性特色水产腌制品，如中国浙江宁波的醉泥螺、广东江门的咸鳉鱼、辽宁大连的盐渍海蜇等。2022 年中国水产腌制品产量为 152.1 万吨，各类规格的水产腌制品种类达数百种，成为水产品加工产业的重要组成部分。

糟制水产品

糟制水产品是鱼、贝类等水产品原料经盐腌后置入酒糟中加工而成的产品。又称糟制品。

中国很早以前就有糟制水产品的方法，流行地区较广，尤以浙江最多。明朝初期中国民间就有小黄鱼糟制加工。20 世纪 60 年代后期，中国浙江、福建、广东等地有一定的加工量。随着海洋资源的衰退和冷库的普及，产量越来越少。加工季节一般为春季，产品含有丰富的蛋白质和不饱和脂肪酸，风味独特，一般蒸熟或直接食用。

糟制品原料鱼大多为青、草、鲤、鳓、鲳、海鳗、小黄鱼等，原料以新鲜和肥满鱼类为宜；盐渍鱼也可以作为原料，但必须适当脱盐。酒糟则要求品质优良，水分含量少且香味浓厚，乙醇含量 4% ～ 6%，且无酸味。糟制品坚实而不酥软，由于乙醇的渗透，肉色呈殷红，无酸味且有特殊糟香气味，制品表面不发黏，酒糟亦无酸味和腐败气味。

以青鱼糟制加工而成糟青鱼为例。新鲜且肉质厚实的青鱼去鳞、去头尾和内脏后沿脊柱开成带骨和不带骨的鱼片，去血污和黑膜后立即用原料重量的 20% ～ 23% 的细盐盐渍。7 ～ 10

糟青鱼

天卤水浸没鱼片时第 1 次盐渍完成。肉软的再次抹盐，肉硬的只需撒盐，进行第 2 次盐渍。2 次盐渍均要求卤水淹没鱼片，否则会影响质量。两次盐渍结束后，日晒风干至表面泛油光、肉质呈红色时切块装缸糟制。糟制时，先制糟制液，一般有酒酿、烧酒、砂糖、食盐等。切好后的咸干青鱼块整齐摆放于糟制容器中，每放 1 层，加入适量的糟制液后封口（坛口直接接触 1 张牛皮纸要涂上猪血）。2 ～ 3 个月糟制成熟后即可开坛食用。

糟制小黄鱼的加工原材料包括新鲜小黄鱼、酒糟、高粱酒、黄酒等。加工方法为小黄鱼预处理、腌制、日晒、装坛、糟渍、封装。产品以肉质结实、咸淡适宜、无鳞片、滋味鲜美为上品。

糟制水产品食用加工历史久,是南方菜中的精品,南方称为"糟货"。保质方法和加工技术使水产品获得较长贮藏时间。对生产者来说可避免生产量大、上市过于集中和销售不及时带来的损失,可均衡上市,合理调整供需关系。

盐渍水产品

盐渍水产品是采用食盐或食盐溶液对水产原料进行涂抹、浸泡处理加工制成的水产品。

常见的盐渍水产品有盐渍海胆黄、盐渍鲱鱼子、盐渍海带、盐渍裙带菜等。

◆ 盐渍海胆黄

海胆生殖腺的盐渍品。20 世纪 70 年代,中国开始生产,主产于辽宁和山东,年产量有几十吨,全部出口日本。海胆采捕加工期一般为 5～8 月和 11 月～次年 3 月。可供加工利用的品种是大连紫海胆、紫海胆和马粪海胆。加工时,在保持生殖腺完整的前提下破壳取出海胆,经盐水漂洗、控水、称重,再加盐腌制得到成品。盐渍海胆黄的加工对原料的鲜度要求极高,必须是海胆捕获后活体加工,不能日晒和雨淋。成品的色泽应具有鲜活海胆生殖腺固有的淡黄、金黄或黄褐色,允许因加工造成的色泽加深。其组织形态呈

盐渍海胆黄

较明显的块粒状，软硬适度。制品应具有其本身的鲜味，且无异味。一般情况下盐渍海胆黄在 -18℃ 的贮存条件下，可保存 6 个月。

◆ 盐渍鲱鱼子

太平洋鲱鱼子的盐渍品。又称盐渍青鱼子。20 世纪 70 年代初，黄海产量达 10 余万吨；80 年代以后资源下降，为保护资源，不再生产。加工时，一般取卵囊膜

盐渍鲱鱼子

完好的鱼卵，要求新鲜且成熟度好。先用密度 1.04 克/厘米^3 的盐水漂洗，再用鱼子重 25% 的食盐盐渍 4 天即可。包装时，每层鱼子间要加 4% 的隔层盐，储存于 -6 ～ 0℃ 的冷库中。盐渍鲱鱼子成品颜色和形状与鲜鱼相似，外观呈现透明黄色，具有坚韧的齿感和沙粒样舌口感。

◆ 盐渍海带

鲜海带经烫煮和盐渍而成的制品。呈翠绿色、薄带状。20 世纪 80 年代，由中国大连开始生产，主要产于山东和辽宁等省。在 3 ～ 5 月，选择光泽好、叶片厚实且无孢子囊群的薄嫩期海带

盐渍海带

为原料，经清洗、烫煮、冷却、控水、拌盐、盐渍、脱水、理菜、包装等工序制成。产品含水量 60% 以下、含盐量 25% 以下。塑料袋密封装箱后，储存在低温、避光处，不宜受热、受压。

◆ 盐渍裙带菜

鲜裙带菜的盐渍品。20世纪80年代上市的一种制品，中国养殖的

裙带菜大部分都加工成盐渍品，90%以上出口日本。裙带菜经清洗、烫煮、冷却、一次脱水、拌盐、盐渍、漂洗、整理、二次脱水和分级制成。

盐渍裙带菜

盐渍品是中国传统加工保藏食品之一，风味独特，深受大众青睐。随着产品种类和加工技术的日趋多样化，盐渍过程常被作为其他加工，尤其是风味加工的前处理手段，以提高制品适口性，或使原料在较短时间内达到性状稳定。

醉制水产品

醉制水产品是采用酒糟或酒将鲜活水产品或盐干水产品调味渍藏而成的产品。利用酒糟或酒呈味成分的作用、酒精的杀菌作用和密封抑制好气菌的作用来提高水产品的风味和耐藏性。又称醉制品、糟醉品。

醉制水产品有醉螺、醉虾、醉蟹、糟鱼等。其中，醉泥螺、醉虾、醉蟹加工方法如下。

◆ 醉泥螺

醉泥螺是以泥螺为原料经醉制加工而成的制品。又称吐铁。起源于20世纪80年代初，主产于中国江浙一带。每年7～9月为生产季节。加工原料以仲夏前后肥满脆嫩的泥螺为佳，加工大致分为盐浸、盐渍、

醉制三个阶段。盐浸时，将干净的泥螺中加入 20%～23% 的盐水处理 3～4 小时后，捞出清洗并沥干。盐渍时，将盐浸后的泥螺加入 20%～22% 的盐水搅拌均匀。次日，盖上竹帘并压上石头使泥螺浸没于盐水中，盐渍约半个月。醉制前先制卤，将盐水中加入适量八角茴香、桂皮、姜片等煮沸 10 分钟，冷却过滤即得卤水。醉制时，将盐渍后的泥螺分装于坛中，加入卤水至淹没泥螺，再加入泥螺重量 5% 的黄酒，密封成熟约 10 天，分装，即得成品。

◆ 醉虾

醉虾是以活虾为原料醉制加工而成的制品。是一种以生食为主的特色菜式，以其肉质鲜美、风味独特，深受消费者喜爱。生食醉虾对活虾体长有较严格的要求，一般以 3～5 厘米长的虾为宜；商品醉虾则对虾的长度大小要求不是很严格。鲜活虾用清水洗净后

醉虾

剪去虾枪、须、脚，然后放于盘内，淋上黄酒，再加调味料，在虾上面均匀摆上葱白段，扣上碗即制得生食醉虾。商品醉虾则需要气调（二氧化碳＋氮气）包装和冷藏贮运。

◆ 醉蟹

醉蟹是以螃蟹为原料醉制加工而成制品。中国传统名贵制品，主产江浙一带。一般选用个体健壮、肉质丰满、背壳坚硬的活蟹为原料，经暂养并充分吐水后，在蟹脐内敷入香料和食盐并用棉线扎紧，放入醉制

缸中，灌入料液至全部浸没。再用棉纸封口，于阴凉处放置。一段时间后上下翻动，以均匀醉制，每次翻动后均须封口。30 天后醉制成熟，

便可分装制得成品。醉制用酒多用黄酒，一般用酒量为原料重的1/3，醉制时，酒与食盐、花椒、八角茴香等一并制成料液使用。

醉蟹

醉制水产品独特的风味和鲜明的地方特色受到食客们的青睐。醉制法加工水产品是古老而又新鲜、独特的加工方法，其技术简单易学。因此，醉制水产品很有推广价值。

水产腌制食品加工

水产腌制食品加工是采用食盐等腌制剂或食盐与酒糟、黄酒、白酒等辅料腌制加工生产水产品的方法。

腌制剂是腌制加工中所采用的腌制材料，可以是食盐或食盐溶液、糖或糖溶液等。食盐是腌制加工中最常用的腌制剂。辅料的添加是形成腌制品独特风味的关键，辅料可以有香料、酒、醋甚至米饭等。

◆ 技术原理

食盐腌制过程包括两个传质过程：一是盐从溶液进入鱼肌肉结构中；另外一个是鱼肉中的水流出来。这样表现出来的是重量发生变化。盐渍的同时，水分的渗出伴随着一定程度的组织收缩，这是由于吸附在蛋白质周围的水分失去后，蛋白质分子间相互移动，使静电作用的效果

加强所致。另外，由于腌制时鱼体和微生物酶的作用，蛋白质、脂质被分解，游离氨基酸增加。分解的程度与食盐的浓度成反比，但饱和盐溶液并不能完全抑制这种分解。

◆ **影响因素**

盐渍时食盐的渗透因原料的化学组成、比表面积及形态而异。对于鱼类而言，脂肪的多少会影响食盐向鱼体内的渗透和鱼体内水分向外扩散的速度。一般来说，多脂鱼类渗透和扩散速度较慢。蛋白质含量越高，食盐的渗透速度和水分的扩散速度也越慢。食盐渗透速度还与鱼体的鲜度有关，鲜度较高的鱼，食盐渗透速度也较快。一般情况下，食盐渗透速度：短时冻藏鱼＞未冻鱼＞长期冻藏鱼。此外，盐渍鱼类水产品时，最大的障碍是鱼皮和鱼体的厚度。因此，除个体太小或肉质太嫩不便于处理的鱼外，剖开、去皮、去内脏、切分等处理都有利于盐渍。

◆ **方法**

按照腌制工艺方法的不同，可分为盐腌法、糟制法和醉制法。盐腌法又包括干腌法、湿腌法和混合腌制法。

在鱼品表面直接撒上适量的固体食盐进行腌制的方法称为干腌法。将鱼体浸入食盐水中进行腌制的方法称为湿腌法。干腌法是在鱼体表擦盐后，层堆在腌制架上或层装在腌制容器内，各层之间还应均匀地撒上食盐，在外加压或不加压条件下，依靠外渗汁液形成盐液（即卤水），腌制剂在卤水内通过扩散作用向鱼品内部渗透，比较均匀地分布于鱼品内。但因盐水形成是靠组织液缓慢渗出，开始时盐分向鱼品内部渗透较慢，因此，腌制时间较长。干腌法具有鱼肉的脱水效率高、盐腌处理时不需要特殊的设施等优点。但缺点是用盐不均匀时容易产生食盐的渗透不均匀；由于强脱水致使鱼体的外观差；由于盐腌中鱼体与空气接触容易发生脂肪氧化等（油烧现象）。

湿腌法通常在坛、桶等容器中加入规定浓度的食盐水，并将鱼体放入浸腌。这时一边进行盐的补充，一边进行浸腌。有的浸腌1次，有的浸腌2次。这种方法常用于盐腌鲑、鳟、鳕鱼类等大型鱼及鲐鱼、沙丁鱼、秋刀鱼等中小型鱼。盐水浸腌由于是将鱼体完全浸在盐液中，因而食盐能够均匀地渗入鱼体；盐腌中因鱼体不接触外界空气，不容易引起脂肪氧化（油烧现象）；不会产生干腌法常易产生的过度脱水现象。因此，制品的外观和风味均好。但缺点是耗盐量大，并因鱼体内外盐分平衡时浓度较低，达不到饱和浓度，所以，鱼不能较长时间贮藏。

干腌和湿腌相结合的腌制法称为混合腌制法。即将鱼体在干盐堆中滚蘸盐粒后，排列在坛或桶中，以层盐层鱼的方式叠堆放好，在最上层再撒上1层盐，盖上盖板再压上重石。经1昼夜左右从鱼体渗出的组织液将周围的食盐溶化形成饱和溶液，再注入一定量的饱和盐水进行腌制，以防止鱼体在盐渍时盐液浓度被稀释。采用这种方法，食盐的渗透均一，盐腌初期不会发生鱼体的腐败，能很好地抑制脂肪氧化，制品的外观也好。

水产品经熟制或直接放在腌制容器内，再加入油、盐及酒糟等调味品后封口放置一段时间食用的水产品加工方法称为糟制法。水产品的糟制借鉴了食品"糟"的方法，与利用鱼体自身蛋白酶进行的"自然发酵"不同，是原料经盐渍脱水后，再辅以酒糟等调味品进行渍制，最后经过不同程度的发酵而成熟。在糟制成熟过程中，一方面酒糟具有防腐作用；

另一方面，其存在的多种微生物分泌的酶能够分解部分腥味物质并能部分降解鱼体蛋白质。这些新形成的物质又与调味料中的化学物质发生一系列复杂的化学变化，使糟制品具有特殊的发酵醇香味。大部分水产品原料均可以糟制，其中以鱼类最为常见。比较有名的是传统糟鱼。糟鱼原料选材范围较广，既可选用淡水鱼类，也可选用海鱼。鱼类的糟制处理工艺同腌制类似，只是在容器内码放时要喷洒糟液，其他处理方式按腌制操作即可。

用酒和调味料浸渍鲜活水产品加工方法称为醉制法。用酒主要是黄酒和白酒，但以黄酒为主，白酒用量较少。醉制的原料通常为鲜活的虾、蟹及螺类。工艺主要包括原料处理、醉制加工两部分。①原料处理。醉制的原料种类繁多，但都要求以鲜活为标准；除最为常见的虾、蟹、螺、贝外，鱼类也可以进行醉制。原料必须经过充分清洗，以去除附着在原料表面的泥垢、沙土等污渍。对个体较大的原料，如螃蟹及鱼类，还要进行切分处理，通常将螃蟹沿脊背进行二分或四分；鱼类原料水分含量较高，除须开腹去掉内脏和头、尾、鳃等不可食部分外，还应在鱼肉表面撒上少许食盐进行腌渍以去除部分水分，腌渍时间根据气温高低和原料大小来定，通常腌渍时间为 1 ～ 3 天。②醉制加工。醉虾、醉蟹、醉螺等的加工工艺略有不同。

◆ 评价

评价指标主要为腌制食盐浓度、腌制时间及腌制后干制。食盐浓度不仅影响腌制水产品的风味、抑制微生物的繁殖，而且可明显延长腌制水产品的货架期。腌制时间对腌制水产品的影响主要归因于盐度的作用效果。腌制温度相同时，腌制时间越长，鱼体中盐浸入速度越快，产品盐度越高。腌制后的水产品一般要经过干制控制水分含量，促进风味形成，使成品质量稳定。水分含量与腌制水产品的质地、化学组分、微生物数量等密切相关，水分含量较低时，产品质地外观较差，抑制水产品细菌繁殖和酶的分解，适宜在常温下保存；水分含量较高时，产品质地外观较好，但利于有害菌繁殖，不适宜常温保存，低温下贮藏可延长保质期。

盐干品

盐干品是将水产品原料经盐渍、漂洗再进行干燥等工序加工成的水产干制品。

盐干加工将腌制和干制两种工艺结合起来，食盐不仅可使原料脱去一部分水分、有利于干燥，而且可在加工和贮藏过程中防止原料和制品的腐败变质。盐干品分为盐渍后直接干燥和经漂洗后再干燥两类。

盐干加工利用食盐和干燥的双重防腐作用，在鱼货多、来不及处理或阴雨天无法干燥的情况下，先用盐渍保存原料，等到天晴时再进行晒干或风干。盐干加工多用于不宜进行生干和煮干加工的大、中型鱼类，以及不能及时进行生干和煮干加工的小杂鱼等原料的加工。

盐干加工过程中，按照用盐方式，可将腌制工艺分为干盐渍法、盐水渍法、混合盐渍法和低温盐渍法。具体参见盐渍。

盐干品加工较简便，适用于高温和阴雨季节时加工，保质期长，但成品咸味重、肉质干硬、复水性差，易出现"油烧"（脂肪氧化）。随着人们生活质量的提高和食品安全意识的增强，高盐的传统盐干品已经开始向低盐的制品（半干品）转化，低盐制品水分含量较传统盐干品高，含盐量低，肉质软硬适中，风味较佳，口感较好，但贮藏性差，需在低温（冷藏、冷冻等）条件下进行贮藏和流通。

盐　渍

盐渍是用食盐来贮藏水产品的方法。是水产品腌制最基本的方法。又称盐腌、食盐腌制法。

特点是操作简单，不需要大规模设备，其作为陆地上及船上渔获物的简单加工流传已久，当有大量渔获物又无法及时处理时，盐渍加工仍然是一种非常方便而有效的水产品加工方法。

◆ 类型

按照盐渍工艺方法，可分为重盐渍法、盐水渍法和混合盐渍法。

重盐渍法。用盐量超过水产品原料重量30%的腌制法。此法通常在渗水性较好的地板上铺上竹帘，在其上摊放撒满食盐的鱼体，再一边将鱼体重叠一边补充食盐（即层鱼层盐），盐腌几天后再重复腌制几次。重盐法具有脱水效率高、不需要特殊设施、加工产品经久耐存等优点，但存在用盐不均匀、强烈脱水导致鱼体外观差、鱼体与空气接触导致脂肪氧化等问题。一般用此法盐渍体型较小脂肪含量较低鱼类，传统上个体较大鱼类如鲑、鳟、鳕、鲐等也常用此法。

盐水渍法。将鱼体浸入食盐水中进行腌制的方法。又称湿盐渍法。此法通常在坛、桶等容器中加入规定浓度食盐水，再将鱼体放入浸腌。

这时，一边补充盐，一边浸腌。有的浸腌 1 次，有的浸腌 2 次。盐水渍法具有食盐渗透均一、脂肪不易氧化、不会出现过度脱水、制品外观和风味好等优点，但其缺点是耗盐量大、设备投入较多、管理工作量大等。此法常用于盐渍鲑、鳟、鳕等大型鱼类和鲐鱼、秋刀鱼、沙丁鱼等中小型鱼类。

混合盐渍法。干盐渍法和盐水渍法相结合的盐渍法。又称改良腌、坛腌。该方法通常是鱼体在干盐堆中滚蘸盐粒后，排列在坛中，以层盐层鱼方式叠堆放，在最上层再撒上一层盐，盖上盖板再压上重石。经一昼夜左右，从鱼体渗出组织液将周围食盐溶化形成饱和溶液，再注入一定量饱和盐水进行腌制，以防止鱼体在盐渍时盐液浓度被稀释。这种方法的特点是腌渍时鱼体同时受到干盐和盐溶液的渗透作用，盐渍过程中鱼体内渗出水分可及时溶解水产品表面干盐，以保持盐水饱和状态，避免了盐水被冲淡而影响盐渍效果。同时，可使盐渍过程迅速开始，不像干盐法那样需待表面发生强烈脱水作用后才开始盐渍。混合盐渍法具有食盐渗透均一、盐渍初期不会发生腐败、能很好抑制脂肪氧化、制品外观好等优点。此法适用于盐渍肥满的鱼类。

按照盐渍温度不同，可分为冷却盐渍法和冷冻盐渍法。①冷却盐渍法。使原料鱼预先在冷藏库中冷却或加入碎冰，使其达 0 ～ 5℃ 时再进行盐渍的方法。一般是气温较高的季节，为抑止鱼肉组织自溶和细菌作用，以保证制品的质量。确定用盐量时，需要考虑冰融化为水的体积变化因素。②冷冻盐渍法。预先将鱼体冻结再进行盐渍的方法。随着鱼体解冻，盐分渗入，盐渍逐渐进行。此种盐渍法在保持制品品质上更加有效，但操作烦琐。

◆ 应用

盐渍产品中食盐含量较高。食用需控制量，防止食盐过量摄入对人体健康产生隐患。低温（冷却或冷冻）盐渍，可防止鱼体深处的鱼肉在盐渍过程中，因食盐渗透速度慢致使食盐浓度低而发生变质。体型大、脂肪含量多的鱼类常采用此法。

醉　制

醉制是用酒和调味料浸渍鲜活水产品的加工方法。

一种古老的水产品加工方法，如中庄醉蟹的加工制作可以追溯到明洪武二十七年（1394）前后，伍佑醉螺的制作可追溯到300多年前的明清时期。加工初期是以保藏食品为主要目的，但醉制后的水产品风味独特，已演变成为一种重要的水产品加工手段。最大特点在于食盐用量相对较少，而酒精度较高的酒类成为最主要的腌制辅料。流行地区很广，中国沿海及内陆部分省份均有生产，但以江苏、浙江、上海等地区最为典型。加工处理手段简便，传统醉制以家庭作坊为主，产品风味各异，但由于缺乏必要的保藏处理，一般保质期较短。自2000年后，中国逐渐形成了规模化、标准化的醉制水产品加工企业，并形成了宁波醉泥螺、上海醉蟹等一批较高知名度的地方特色醉制水产品。

用酒主要是黄酒和白酒，但以黄酒为主，白酒用量较少。醉制的原料通常为鲜活的虾、蟹及螺类。醉制品以醉虾、醉蟹和醉泥螺最具代表性。

工艺主要包括原料处理、醉制加工两部分。①原料处理。醉制的原料种类繁多，但都要求以鲜活为标准；除最为常见的虾、蟹、螺、贝外，鱼类也可以进行醉制。原料必须经过充分清洗，以去除附着在原料表面的泥垢、沙土等污渍。对个体较大的原料，如螃蟹及鱼类，还要进行切分处理，通常将螃蟹沿脊背进行二分或四分。鱼类原料水分含量较高，除须开腹去掉内脏和头、尾、鳃等不可食部分外，还应在鱼肉表面撒上少许食盐进行腌渍以去除部分水分。腌渍时间根据气温高低和原料大小来定，通常腌渍时间为 1～3 天。②醉制加工。醉虾，活虾置于清水中洗净后捞出沥干放于玻璃器皿内；将葱、姜、蒜等调味料切碎，加入适量黄酒、酱油、醋等，搅拌制成调味汁，并倒在玻璃器皿中，盖好盖子，待活虾不再蹦跳后即可食用。制作醉虾一定要求原料鲜活，同时做好的醉虾尽量吃完。醉蟹，将螃蟹洗刷干净后沥水，取酱油倒入坛内，再加黄酒、姜块、蒜瓣、冰糖，最后倒入少量白酒，用油纸盖坛口密封。一个星期后即可开坛食用。醉泥螺，选体大壳薄、腹足肥厚、体内无沙、足红口黄、满腹藏肉、无破壳的泥螺为加工原料。

醉虾

醉蟹

醉泥螺

首先将泥螺放入桶中,加20%～23%的盐水浸泡3～4小时,以彻底去除泥螺腹中的泥沙,而后将泥螺捞出,清水洗净、沥干后重新用20%左右的盐水浸泡腌渍15天左右,腌渍好的泥螺放入玻璃罐中,加入由黄酒、桂皮、八角茴香等调味料熬制的卤汁,封罐后存放10天即得成品醉泥螺。

与其他水产加工手段相比,醉制加工产品产量较低,种类较少,规模化、产业化的醉制加工产品仅有泥螺。但醉制历史悠久,产品在醉制过程中产生了特有的风味和香气,已成为中国部分地区普通老百姓餐桌上必不可少的一类特色水产加工制品。

糟　制

糟制是水产品经熟制或直接放在腌制容器内,再加入油、盐及酒糟等调味品后封口放置一段时间食用的水产品加工方法。水产品的糟制借鉴了食品"糟"的方法,与利用鱼体自身蛋白酶进行的"自然发酵"不同,是原料经盐渍脱水后,再辅以酒糟等调味品进行渍制,最后经过不同程度的发酵而成熟。

糟制是一种历史悠久的加工手段。早在北魏《齐民要术》中就有详细的糟鱼制作方法。至唐朝,糟鱼成为纳贡朝廷的贡品;明清时期,糟制已成为广泛分布于沿海地区、长江中下游地区及西南地区的水产品加工的重要方法。至2020年,糟制仍然是中国水产品加工的重要手段,形成了以鱼类为主的种类繁多、风味各异的糟制水产品,如浙江地区的糟鲥鱼,贵州侗族、苗族的糟酸鱼,以及安徽铜陵的臭鳜鱼等。传统的糟制受气候、季节的影响很大，生产周期较长，主要依赖传统经验，产品质量波动较大。部分企业已利用微生物接种发酵技术，初步实现了糟制的标准化和工业化。

在糟制成熟过程中，一方面酒糟具有防腐作用；另一方面，其存在的多种微生物分泌的酶能够分解部分腥味物质并能部分降解鱼体蛋白质。这些新形成的物质又与调味料中的化学物质发生一系列复杂的化学变化，使糟制品具有特殊的发酵醇香味。

大部分水产品原料均可以糟制，其中以鱼类最为常见。比较有名的是传统糟鱼。糟鱼原料选材范围较广，既可选用淡水鱼类，也可选用海鱼。鱼类的糟制处理工艺同腌制类似，只是在容器内码放时要喷洒糟液，其他处理方式按腌制操作即可。

糟制是中国传统的水产品加工手段，由于受生产经验、天气等因素的影响，糟制产品产量较低、种类较少。但因此也形成了一批具地方特色的糟制水产品，增加了水产加工业产品种类，成为水产加工业重要的加工手段。

水产调味制品

水产调味制品是以鱼、虾、贝、藻等水产品及其加工副产物为原料，采用盐渍、发酵、酶解、抽提、浓缩、干燥等工艺加工制成的调味产品。因大多产品采用海洋生物及其加工副产物为原料生产，又称海鲜调味料。

◆ 成分

由于水产原料一般都富含氨基酸、多肽、糖、有机酸、核苷酸等呈味物质。且因其组成不同，可形成各种海产品的独有风味。此类产品大多数历史悠久。

◆ **类型**

随着现代加工技术的提高，已细化出了品种繁多、功能各异的不同等级产品。传统水产调味产品只有鱼露、虾油、虾酱、蟛蜞酱、蚝油等，现代加工技术生产的产品主要有各种海产抽提物、干贝素、蛤精粉、鱼精粉、蚝膏、鱼虾贝调味基料等，大大丰富了调味品市场。根据加工方式的不同，水产调味制品可分为抽提型和分解型两大类产品。

抽提型水产调味制品

抽提型水产调味制品是以天然的鱼、虾、蟹等为原料，经过抽提、分离、混合、浓缩或干燥等工序生产的一类味感鲜美浓郁、丰满醇厚、圆润香滑、回味悠长、风味特征性强的天然抽提物，因其味道自然，没有化学调味品的单调感和异味，且带有该海产品与众不同的特殊风味。蚝油是传统抽提型制品的代表，在中国广东、福建沿海和东南亚一带是家庭常用的传统鲜味调料，也是调味汁类大宗产品之一，它是以牡蛎为原料，经煮熟取汁浓缩，加辅料精制而成，产品呈深啡色、质感黏稠，

鱼露

虾酱

海鲜味浓郁，是沿海地区的传统的高级调味品。利用现代提取、浓缩、干燥等技术生产的各类天然水产抽提型调味制品，在日本产品众多，可按其来源区分，例如扇贝抽提物、牡蛎抽提物、海带抽提物、鲣抽提物、海胆抽提物、虾抽提物等，可应用于调味品、冷冻调理食品、鱼糜制品、罐头制品、即食食品、各种食品调味料等。应用广泛。

分解型水产调味制品

通过自然发酵法、酸水解法、酶解法等方式处理各种水产原料，得到的富含氨基酸、肽类、核苷酸关联化合物等各种呈味成分的风味浓汁，再经浓缩或干燥、调配等工艺而制得。

鱼露、虾油、虾酱等是传统分解型制品的代表，以虾酱为例，它是以各种小鲜虾为原料加盐发酵后，经磨细制成的一种黏稠状酱。主要利用虾自身的酶或微生物的作用将蛋白质水解而得，其产品味道鲜美，营养丰富，以河北唐山、山东惠民、羊角沟、浙江和广东出产最多，是中国沿海地区以及东南亚地区常用的调味料之一。其味咸，一般以瓶装形式出售。也有将其干燥成块状，则称为虾膏或虾糕，味道较虾酱更为浓郁。虾酱的同类型的产品还有虾油、蝤蛑酱、蟹酱等。

现代分解型制品多采用酸水解和生物酶解技术。酸水解技术生产的产品有化学酱油、化学蚝粉、水产动物蛋白、水产植物蛋白，由于使用强酸，易造成环境的污染，还可能产生一些有毒副产物而趋于淘汰，产品已不多见，取而代之的是采用生物酶解技术生产的一系列产品。如以对虾加工副产物虾头为原料，利用虾组织快速自溶技术生产的酶解型制品虾精、虾肉精膏；以快速可控发酵技术如保温发酵、外加酶、外加曲发酵等发酵方式生产的现代型鱼露、虾酱；以生物酶解技术生产的现代蚝油；以美拉德增香技术生产的各种复合海鲜调味制品等。

◆ 利用

将天然海鲜产物的特征风味物质提取出来，配制成为更加具有产品特色的高档调味品在国际市场上越来越受到欢迎，已成为调味料行业中迅速发展重要品种系列。此类水产调味制品用途广泛，不仅可以直接作为调味料供家庭日常使用，同时可用于方便食品及冷冻调理食品中，如方便面、米粉、米线调料、干脆面等的配料；亦可用于休闲食品、快餐食品和各式汤料、菜肴、腌菜类食品中。

海鲜调味基料

海鲜调味基料是以低值水产品或加工副产物生产的用于调味的各种原料。

水产品含有丰富的蛋白质、微量元素及生理活性物质，水解后大部分蛋白质转化成氨基酸，更易为人体吸收，以此为原料加工而成的海鲜调味料富含氨基酸、有机酸及核苷酸关联化合物等营养和呈味成分，还有许多有益人体健康的活性物质，如牛磺酸、活性肽等。

从生产方式分类可分为抽提类和分解类。前者不仅看重其独特的风味特性，也追求原料的天然性和营养性，根据原料的来源也可分为

海鲜酱油

4 类调味基料：①鱼类调味基料。以低值海产鱼类或加工副产物为原料，采用抽提或酶解工艺制得各种调味基料。如鲣提取物、鲑鱼提取物、各种酶解鱼蛋白粉等。②虾蟹类调味基料。虾头营养价值不比虾肉差，蛋白质含量 40% 以上，还含有丰富的钙和磷。可以加工成鲜虾膏、鲜虾酱及酶解所制得的蛋白粉，如虾蟹提取物、酶解型制品虾精、虾肉精膏等。③贝类调味基料。以贝类肌肉、煮汁或加工副产物为原料，经浓缩、酶解等不同工艺制得液状、粉状体、膏状体或浓缩液等各种调味基料产品。如蚝水、蛤精粉、牡蛎酱、酶解贝类蛋白粉等。④藻类调味基料。海带紫菜经过热水提取或酶解工艺，可以制备海带汁、紫菜汁，这两个调味料可以应用到汤料、火锅调料、面汤、拌面及其他方便食品，在海鲜酱油上也有应用。

海鲜调味基料可广泛应用到各种方便食品、膨化食品、鱼糜制品、肉制品，以及海鲜汤料、调料等。

水产调味沙司

水产调味沙司是以新鲜水产品或水产加工下脚料为原料，采用加热、抽出、发酵、浓缩、调配等不同工艺手段加工制得的呈糊状的一类特色调味品。

主要有蚝油、虾酱和蟹酱等。

◆ 蚝油

蚝油是利用牡蛎煮汁熬制的蚝

蚝油

水经调配而成的一种天然风味高级调味料。含有多种呈味成分，鲜味浓郁，同时还含有丰富的微量元素和多种氨基酸、锌、牛磺酸等。是中国东南沿海地区常用的传统海鲜调味料，也是调味汁类大宗产品之一。

◆ 虾酱

虾酱是以各种小鲜虾为原料加盐发酵后，经磨细制成的一种黏稠状的酱类调料。其色泽鲜黄，质细味纯香，盐足，含水分少，具有虾米的特有鲜味。若加工时混入小蟹、小蛤等，则呈灰色或灰黄色，品质下降。虾酱以河北唐山、山东惠民、羊角沟、浙江和广东出产最多，以唐山、沧州的产品质量最好。它可作为调味料放入各种菜品内，味道鲜美，也可生吃，或蒸制后单独作菜肴食用。

虾酱

◆ 蟹酱

蟹酱是以蟹为原料加盐后发酵所制得的调味品。其加工和产量远不如虾酱普遍。日本和美国利用小杂蟹为原料，经酶解、浓缩、过滤、精制提取出水解蟹油，可作为模拟蟹肉的添加剂或配合其他香辛料生产粉状的蟹味素调料。中国采用传统发酵法生产蟹糊和蟹酱（如蟛蜞酱），但由于发酵时间长，挥发性盐基氮较高，易导致腥味浓，其产品也不多见。

水产发酵制品

水产发酵制品是以水产动物为原料，经微生物或酶发酵作用而制成的调味产品。

水产发酵调味品传统制品是经盐渍抑菌，再经发酵将组织内的多种呈味成分释放出来而制得风味独特的汁、酱类制品；现代工艺通过接种微生物或添加外源酶来加速蛋白的分解，从而缩短了发酵周期。常见的水产发酵制品有鱼露和虾油。

◆ 鱼露

鱼露又称鱼酱油。它以低值鱼虾或其加工副产物（鱼头、内脏以及咸鱼卤水、煮汁、鱼粉厂的压榨汁等）为原料，利用鱼体所含的酶，在多种微生物共同参与下发酵酿制而成。常见的原料有蓝圆鲹、鳀鱼、七星鱼、青鳞鱼等。鱼露在中国广东、福建、台湾、香港等地多见，其产品呈红褐色、

鱼露

澄清有光泽，味道鲜美并且含有丰富的氨基酸、有机酸及人体新陈代谢所必需的微量元素等。

◆ 虾油

虾油又称虾油露。并非油脂，而是以新鲜虾为原料，经腌渍、发酵、熬炼后制成的一种味道鲜美的液体发酵制品。优质的虾油色泽黄亮、汁液浓稠，无杂质和异味，味鲜美，咸味轻。虾油主要用于汤类菜肴

的提鲜增香。

水产调味品加工

水产调味品加工是用于生产水产调味品而采用的传统或现代的各种加工工艺。

水产调味品是以水产品及其加工副产物为原料，通过各种工艺加工制成的用来改善食品味道的产品。其中，以海洋生物及其加工副产物为原料生产的调味品又称海鲜调味料。中国水产调味品的加工历史悠久。中国古农书《齐民要术》中就已详细记载了鱼露的制作工艺。水产调味品加工主要有传统方法和现代方法两大类。

◆ 传统方法

传统的水产调味品加工方式可分为抽提法和分解法两类。

抽提法

抽提法主要有水抽法，包括低温水抽提和热水抽提。低温水抽提的温度在 50～90℃，可保持原料的风味。热水抽提是在沸腾状态进行抽提。热水抽提生产的产品中，最具代表性的产品即蚝油。以蚝油加工为例，其生产工艺流程为：选取优质近江牡蛎，去壳→整肉水煮→过滤→浓缩蚝汁→加配料、加热→增味调香→过滤→装瓶→巴氏灭菌→成品。此种方法所得的产品因其含有原料所有的水溶性呈味成分，故而其特征香味浓郁，且味道自然，但原料的利用率较低。

分解法

分解型水产调味品通过加酸或利用水产原料自身携带的酶类和微生

物的作用将原料主要成分蛋白质进行分解，得到富含氨基酸、肽类及各种呈味成分的汁液，再经调配而制得。分解型水产调味料的生产技术可分为自然发酵法、酸水解法、酶解法 3 种形式。其中，酸水解法由于使用强酸，易造成环境的污染，还可能产生一些有毒副产物而趋于淘汰。传统水产调味品多采用自然发酵法，最具有代表性的产品是鱼露。鱼露是盐渍和发酵两者相结合的产物，即利用盐渍手段，来抑制腐败微生物的作用；通过蛋白酶对鱼体蛋白质进行水解的过程（即发酵过程），从而达到生产鱼露的目的。

◆ **现代方法**

按工艺和产品来分，现代方法主要有生物酶解技术、可控快速发酵技术、美拉德增香技术、生物脱腥技术等。

生物酶解技术

生物酶解技术包括组织酶自溶技术、外源酶酶解技术，以及两者结合的形式。组织酶自溶技术依靠水产动物体内本身存在的水解酶类在一定条件下对细胞组织的自分解作用而达成。组织酶自溶技术采用紫外线照射、梯度温度等处理可有效激活内源酶，加快自溶过程，有效改进传统的鱼露、虾油、蚝油等的生产过程中周期长和产量低的问题，实现快速的组织自溶。外源酶酶解技术是在加工中添加外源蛋白酶对原料进行酶解，以提高原料蛋白的利用率，增加产品风味强度的加工，产品不仅风味尤为突出，同时具有各种功能特性。

可控快速发酵技术

通过保温发酵或加入外源蛋白酶或曲霉的方式达到加快发酵进程的

方式。这种方式可以大幅度降低生产周期。外加的蛋白酶可加速蛋白分解，可利用的蛋白酶有菠萝蛋白酶、木瓜蛋白酶、胰蛋白酶、复合蛋白酶、风味蛋白酶等，通过这样的方式，发酵周期可缩短一半。采用快速发酵工艺生产的产品可提高生产周期，在风味上比酶解法产品更加接近自然发酵法产品，但还未能达到自然发酵法长时间发酵形成的独有的特殊风味。

美拉德增香技术

美拉德反应是在食品加工与贮藏过程中，发生在氨基化合物和羰基化合物之间的反应。此反应对风味化合物的形成起着非常重要的作用，是构成各种热加工食品香味的主要来源。利用美拉德反应调香的机理，将已抽提或酶解后的水产品作为反应基料，通过添加不同配比的氨基酸、还原糖，以及辅助的增香增鲜物质，如牛磺酸、盐酸硫胺、酵母提取物，以及氯化钠等，并控制温度、pH 等反应条件进行反应，即可得到海鲜香味浓郁、口感醇厚的反应型水产调味品。利用此技术生产的水产调味品比单纯抽提或酶解的产品在风味上更为海鲜香味浓郁、口感醇厚，国内外已得到广泛应用。

生物脱腥技术

采用微生物发酵的方法去除水产品中由于氧化三甲胺的分解，脂质的自动氧化、腥味化学成分的生物积累和其他相关化学反应所导致的腥味化学物质，以提高水产品风味品质的加工方法。选用的微生物常见的有酵母菌、乳酸菌、醋酸杆菌等。这种方法不仅可以克服物理法和化学法的缺陷，而且绿色无污染、原料的营养成分损失较少，在去除腥味和异味的同时，还能使产品产生特殊的香味。

　　水产调味品加工技术的优劣是限制其发展的重要因素，传统技术的革新与优化、新技术的应用可为提升产品附加值，以及新品种的开发提供技术基础和条件，也可为调味品的天然营养化、复合化的发展提供强有力的工具。

第**3**章

咸味药

咸味药是以软坚散结、泻下通便为主要作用的一类中药。味属咸。

此类药物均具咸味，咸属阴，主入肝、肾二经，咸能下、能软。主要功效为软坚散结、润肠通便、息风止痉、补肾壮阳等。咸味药主要适用于大便秘结不通、血瘀痰瘀、肝风内动、腰膝酸软、阳痿、不孕等。

咸味药与辛味药配伍，能加强软坚散结、化顽痰的作用，如海藻玉壶汤中当归、川芎、海藻、昆布等配伍可使瘿瘤消散；与苦味药配伍，能增强降下的作用，如大承气汤中芒硝和大黄配伍可泻下攻积；与酸味药配伍，能增强收敛固涩的作用，如山茱萸与桑螵蛸配伍可补肾固涩；与甘味药配伍，能起到甘补咸润的作用，如鹿茸和山药或人参等配伍可温肾、壮阳、益精血。咸味药咸寒易伤脾胃，故脾胃虚弱者慎用。

咸味药多含有无机盐、维生素、蛋白质、氨基酸等成分，具有镇静、镇痛、降血压、降血糖、抗凝血、抗炎、杀菌、利尿、解热、降血脂等药理作用，部分咸味药可以改善性功能，治疗阳痿、早泄、不孕等。

西瓜霜

西瓜霜是由葫芦科植物西瓜的成熟新鲜果实与芒硝加工制成。为清热泻火药，始载于《疡医大全》。

◆ 制法

取新鲜西瓜切碎，放入不带釉的瓦罐内，一层西瓜一层芒硝，将口封严，悬挂于阴凉通风处。数日后瓦罐外面开始析出白色结晶物，一边析出一边收集，至无结晶析出为止。100 千克西瓜用芒硝 15 千克。宜在秋季气候凉爽干燥季节制备，夏季湿度大时难得到结晶。

西瓜

西瓜霜为类白色至黄白色的结晶性粉末。气微，味咸。西瓜霜味咸，性寒，归肺、胃、大肠经。具有清肝泻火、消肿止痛功能，用于咽喉肿痛、喉痹、口疮。西瓜霜主要含硫酸钠、甜菊素、枸橼酸等，具有抗菌作用。西瓜霜善清肺、胃、大肠之热，而有清热泻火、消肿止痛功效，可配冰片等同用。内服 0.5 ～ 1.5 克。外用适量，研末吹敷患处。虚寒者禁用。

玄明粉

玄明粉是芒硝经风化干燥后制得的粉末。攻下药。玄明粉为白色粉末。气微，味咸，有引湿性。咸、苦，性寒。归胃、大肠经。玄明粉具有泻下通便、润燥软坚、清火消肿功能，泻下作用较芒硝和缓，可用于实热积滞、大便燥结、腹满胀痛，外用治咽喉肿痛、口舌生疮、牙龈肿痛、目赤、痈肿、丹毒。煎服用量 3 ～ 9 克，溶入煎好的汤液中服用；外用适量。孕妇慎用。不宜与硫黄、三棱同用。

昆　布

昆布是海带科植物海带或翅藻科植物昆布的干燥叶状体。又称纶布、海昆布等。清热化痰药。始载于《吴普本草》。

◆ **产地和分布**

昆布在中国自然生长于辽东和山东两个半岛的肥沃海区，人工养殖已推广到浙江、福建、广东等地沿海。夏、秋二季采捞，晒干。商品药材来源于野生或栽培。

◆ **性状**

昆布孢子体大型，高 30 ～ 100 厘米，分叶片、柄部、固着器、固着器假根状。假根两叉式分支，柄部圆柱状，近叶片部渐扁平，叶片两侧羽状或复羽状分支，中部稍厚，居间生长，粗锯齿叶缘。卷曲皱缩成不规则团状。气腥，味咸。全体呈黑色，较薄。用水浸软则膨胀呈扁平的叶状；两侧呈羽状深裂，裂片呈长舌状，边缘有小齿或全缘。质柔滑。

◆ **药性和功用**

昆布味咸，性寒，归肝、胃、肾经。具有消痰软坚散结、利水消肿功效，用于瘿瘤、瘰疬、睾丸肿痛、痰饮水肿。

◆ **成分和药理**

昆布主要含糖类（如岩藻聚糖）、脂肪酸（如十四烷酸、十五烷酸、正十六烷酸）、卤族化合物等，具有降压、降脂、抑制肿瘤、提高免疫力、降糖、利尿、消肿等作用。

◆ **用法和禁忌**

昆布和海藻配伍，可增加其化痰散结的功效。昆布与蛤壳配伍具有清肺化痰、软坚散结的功效。昆布配伍肉桂，咸寒辛散，可加强活血散结之功。昆布与干姜配伍同为咸寒辛散配伍，既可软坚化结，还可清上热下；昆布咸寒，能清上焦痰凝化热；干姜辛热，开结散寒，温胃散寒而化水气，以温下散寒。昆布与木香配伍，一寒一温，软坚化痰散结兼行气，同调气血津液之瘀滞。昆布与陈皮同具有化痰之功效，二药配伍，异类相使，共奏化痰散结行气之功。另外，海带还可作为食品原料，尚用于提取藻胶和制碘等。

煎服用量 6 ～ 12 克。脾胃虚寒蕴湿者忌服。

蛇 蜕

蛇蜕是游蛇科动物黑眉锦蛇、锦蛇或乌梢蛇等蜕下的干燥表皮膜。祛风药。

蛇蜕多在春末夏初或冬初收集，除去泥沙，干燥。蛇蜕呈圆筒形，多压扁而皱缩，完整者形似蛇，长可达 1 米以上。背部银灰色或淡灰棕色，有光泽，鳞迹菱形或椭圆形，衔接处呈白色，略抽皱或凹下；腹部乳白色或略显黄色，鳞迹长方形，呈覆瓦状排列。体轻，质微韧，手捏有润滑感和弹性，轻轻搓揉，沙沙作响。气微腥，味淡或微咸。

蛇蜕味咸、甘，性平，归肝经。有祛风、定惊、解毒止痒、退翳等功效，用于小儿惊风、抽搐痉挛、翳障、喉痹、疔肿、皮肤瘙痒。煎汤用量 2 ～ 3 克，研末吞服 0.3 ～ 0.6 克。

芒　硝

芒硝是硫酸盐类矿物芒硝加工而成的精制结晶。又称芒消，雷敩曰："芒硝是朴硝中炼出，形似麦芒者，号曰芒硝。"攻下药。始载于《名医别录》。

◆ 产地和分布

芒硝主产于中国沿海各产盐区及四川、内蒙古、新疆等内陆盐湖。生于沿海卤碱地、盐场、内陆盐湖或潮湿山洞中。

一般于秋冬季加工。先取天然土硝以沸水溶解，再放置使杂质沉淀，经过滤、加热浓缩、冷却后，析出晶体，结于上层，色白如芒者即芒硝，沉积于底成块者为朴硝。朴硝杂质较多，泻下作用最烈；芒硝较纯，作用较缓。也可先用萝卜切成小片，加水煮透，再将天然土硝投入共煮，待全溶后滤去萝卜及杂质，滤液静置冷却，析出结晶，即为芒硝。芒硝经风化干燥后即为玄明粉，纯度最高，作用最缓和。商品药材主要来自天然。

◆ 性状

纯品芒硝药材呈棱柱状、长方形或不规则的结晶，两端不整齐，大小不一，白色透明或类白色半透明。质脆易碎，断面呈玻璃样光泽。气微，味咸。

◆ **药性和功用**

芒硝味咸、微苦，性寒，归胃、大肠经。具有泻下通便、清火消肿、润燥软坚功能，用于热积便秘、腹满胀痛、大便燥结、癥瘕积聚、痈肿、目赤、口疮、丹毒等，外用可治乳痈、痈疮肿痛。

◆ **成分和药理**

芒硝主要成分为含水硫酸钠，具有泻下、抗炎、利尿作用。

◆ **用法和禁忌**

芒硝可治疗肠胃实热积滞、大便燥结不通，常与大黄同用以通便泻热、如积滞较甚、腹胀腹痛，可加配枳实、厚朴。水热互结而致结胸、心下痛、按之石硬、大便不通者，则配甘遂、大黄以泻热逐水散结。时行热病，壮热口渴、抽搐谵妄者，与大黄、栀子、黄芩、连翘同用。因火毒上攻或心脾积热引起咽喉肿痛、口舌生疮者，常与石膏、黄连、硼砂、冰片等研末吹喉或涂敷。外用能清热消肿，如外敷治乳痈初起或乳汁不通所致乳房肿硬热痛。配伍大黄、大蒜，加适量食醋捣烂外敷，可用于肠痈。目赤肿痛，可取芒硝适量，加10倍量开水溶化点眼，或煎汤熏洗。

内服用量6～12克，一般不入煎剂，待煎汤剂煎得后，溶入汤液中服用；外用适量。胃无实热，肠无燥屎者勿用，水肿、老年性便秘及孕妇慎服。不宜与硫黄、三棱同用。

光明盐

光明盐是为卤化物类石盐族矿物石盐的结晶。中国藏医学常用矿物药材。

藏文音译名加察、加措察、加木察等。《四部医典》《鲜明注释》《晶珠本草》等藏医药古籍文献中均有记载。《中华人民共和国卫生部药品标准》（藏药·第一册）、《藏药标准》及《青海省藏药材标准》中均收载。《中华人民共和国药典》收载有中药大青盐，为卤化物类石盐族湖盐结晶，采自湖盐。据《晶珠本草》言"本品产自克什米尔祖典城附近的石岩与海中，分岩生和海生两种，岩生者为上品，淡青色，透明如镜"，藏药光明盐与中药大青盐类似，但藏医主要使用岩生的（习称岩盐、石盐），而中医使用的产自盐湖（习称湖盐、池盐），均主含氯化钠（NaCl）。

◆ **产地和性状**

世界各地广布，中国产于青海、西藏、江苏、四川、湖北、江西等地。藏医所用光明盐主要产自西藏安多、青海等地。全年均可采挖，刮净外层杂质，干燥保存。

光明盐药材呈柱状、粒状或不规则块状，也有的呈结晶细粒或粉末状。全体呈青白色到暗白色，或略带黄色，半透明。表面平整，有玻璃样光泽。质脆硬，易潮解。气微，味咸。

◆ **性味和功用**

味咸，性热。功能除寒健胃，祛风。用于寒性培根与隆的并发症、胃寒引起的消化不良。

◆ **成分和药理**

主要含 NaCl，此外，还含有氯化钾（KCl）、氯化镁（$MgCl_2$）、氯化钙（CaCl$_2$）、硫酸镁（MgSO$_4$）、硫酸钙（CaSO$_4$）、铁（Fe）等。

◆ 应用

《铁串》云，"功效治寒症而不伤血，忌用与培根木布病"；《四部医典》云，"用于培龙病，消化不良及寒症"；《晶珠本草》言，"治未消化，并且治培龙寒症"。光明盐性热，临床上多配伍用于寒性之消化道疾病。如四味光明盐汤散，功能为温胃、消食、解毒，用于胃寒、药物不化、消化不良；十味消食散功能为健胃消食，用于消化不良、胃脘胀满、泛酸、吐泻；十二味石榴散功能为温中散寒，用于肠龙、胃肠风寒引起的肠鸣腹胀、下泻；二十九味能消散功能为祛寒化痞、消食、调肝益肾，用于食积不化、胃肠肝区疼痛、肾病、肠病、胃肠痞病、胆痞病、风寒引起的痞瘤等。用量：内服煎汤 0.3 ～ 1 克，或入丸、散。

密陀僧

密陀僧是粗制氧化铅。拔毒化腐生肌药。始载于《雷公炮炙论》。

◆ 产地和分布

方铅矿在中国产地很多，其中以甘肃厂坝、青海锡铁山、湖南水口山、广东凡口、云南金顶等地最著名。

◆ 性状

密陀僧呈不规则的块状，大小不一。橙红色，镶嵌具金属光泽的小块，对光照之闪闪发光。表面粗糙，有时一面呈橙黄色而略平滑。质硬体重，易砸碎。断面红褐色，亦镶嵌具金属光泽的小块。气无。

◆ **药性和功用**

密陀僧味咸、辛，性平，有毒，归肝、脾经。具有消肿杀虫、收敛防腐、坠痰镇惊之功，用于痔疮、肿毒、溃疡、湿疹、狐臭、创伤、久痢、惊痫。

◆ **成分和药理**

密陀僧主要含氧化铅，还有砂石、金属铅及二氧化铅等少量夹杂物，具有抑菌（堇色毛癣菌、红色毛癣菌、絮状表皮癣菌、石膏样毛癣菌、足跖毛癣菌、趾间毛癣菌）作用。外用可减轻炎症。

◆ **用法和禁忌**

密陀僧单用，以桐油调涂可治多骨疮。密陀僧用香油调膏可治血风臁疮。配伍蒲黄、黄柏等可治口舌生疮。配伍黄柏、冰片可治湿疹等。外用适量研粉敷或熬膏贴患处。体虚者忌服。

蛤粉炒

蛤粉炒是将净选或切制后的药物与蛤粉同炒的炮制方法。加辅料炒法之一。

蛤粉是软体动物文蛤或青蛤的贝壳洗净晒干研细或煅后研粉而得，其性味咸寒，有清热利湿、软坚化痰的功效，它的传热作用较细砂慢，能使药物缓慢受热，适用于炒制胶类药物。

蛤粉炒的操作方法：将研细过筛后的蛤粉置预热的锅内，中火加热至蛤粉灵活易翻动时投入经加工处理后的药物，不断翻动烫炒至膨胀鼓起、内部疏松时取出，筛去蛤粉，摊晾凉。每100千克药物用蛤粉30～50千克。

注意事项：①胶块切成立方丁，大小分档，分别炒制。②炒制时火力不宜过大，以防药物黏结、焦煳或"烫僵"，如温度过高可适当加冷蛤粉。③胶丁下锅翻炒要快速均匀，避免互相粘连。④蛤粉烫炒同种药物可连续使用，但颜色加深后需及时更换。⑤贵重、细料药物如阿胶之类，在大批炒制前先采取试投的方法，以便掌握火力，保证炒制质量。⑥药物炒制到达火候时应迅速出锅，尽快筛去蛤粉，否则可能烫焦。蛤粉炒的主要目的：使药物质地酥脆，便于调剂和制剂，并有矫味及增强化痰的作用，如蛤粉炒阿胶。

驴血粉

驴血粉为马科动物——驴的干燥血（或血液的干燥品）。中国蒙医学常用药材。蒙文音译名额勒吉根－赤素、额乐吉根－齐苏、额勒吉根－赤苏、额勒吉根－奇苏、泵日哈等。《无误蒙药鉴》中有记载。《内蒙古蒙药材标准》以"驴血/额乐吉根－齐苏"之名收载，《四川省藏药材标准》也有收载。

◆ **产地和性状**

各地人工养殖。秋季或冬季杀驴后采血，放入平底器皿中晾干或烘干；也可采活驴血。驴血药材为大小不等的不规则块状或颗粒状，表面暗红棕色或黑褐色。质松脆。气微腥，味咸。

◆ **性味和功用**

味甘、咸，性温。燥"协日乌素"。主治关节"协日乌素"、痛风、游痛症、"巴木"病、"吾雅曼"病。

◆ 成分和药理

含蛋白质、氨基酸、谷丙转氨酶等多种酶、游离脂肪酸、磷脂、固醇、碱基和嘌呤、维生素、钠（Na）、钾（K）、钙（Ca）、镁（Mg）等无机元素。《四川省藏药材标准》规定干燥品含总氮(N)不得少于6.0%。

◆ 应用

驴血功能燥"协日乌素"，蒙医临床上主要用于各种风湿性关节疾病，多配伍于复方中使用。如以驴血为君药的风湿三味丸，功能祛风除湿、止痒、止痛，用于风湿性关节疼痛、腰腿疼痛、风湿疙瘩、周身瘙痒；风湿二十五味丸功能为燥"协日乌素"、散瘀，用于游痛症、关节炎、类风湿关节炎；与六良药、协日乌素三药等配伍的驴血二十五味丸，用于关节红肿灼痛、关节"协日乌素"病、陶赖、赫如虎等。用法用量：3～5克；研末煎服（煮散剂），或入丸、散。

威灵仙

威灵仙是毛茛科植物威灵仙、棉团铁线莲或东北铁线莲的干燥根及根茎。又称铁脚威灵仙。祛风寒湿药。始载于《新修本草》。

威灵仙

◆ 产地和分布

威灵仙产于中国安徽、江

苏、浙江。生于山坡、山谷或灌丛中。秋季采挖,除去泥沙,晒干。商品药材主要来自栽培。

◆ **性状**

威灵仙根茎呈柱状,长 1.5 ～ 10 厘米,直径 0.3 ～ 1.5 厘米,表面淡棕黄色,顶端残留茎基,质较坚韧,断面纤维性,下侧着生多数细根。根呈细长圆柱形,稍弯曲,长 7 ～ 15 厘米,直径 0.1 ～ 0.3 厘米,表面黑褐色,有细纵纹,有的皮部脱落,露出黄白色木部。质硬脆,易折断,断面皮部较广,木部淡黄色,略呈方形,皮部与木部间常有裂隙。气微,味淡。

棉团铁线莲根茎呈短柱状,长 1 ～ 4 厘米,直径 0.5 ～ 1 厘米,根长 4 ～ 20 厘米,直径 0.1 ～ 0.2 厘米,表面棕褐色至棕黑色,断面木部圆形。味咸。

棉团铁线莲花

东北铁线莲根茎呈柱状,长 1 ～ 11 厘米,直径 0.5 ～ 2.5 厘米。根较密集,长 5 ～ 23 厘米,直径 0.1 ～ 0.4 厘米,表面棕黑色,断面木部近圆形。味辛辣。

◆ **药性和功用**

威灵仙味辛、咸,性温,有毒,归膀胱经。具有祛风湿、通络止痛、消骨鲠、消痰逐饮功能,用于风寒湿邪所致之痹痛、诸骨鲠咽、跌打损伤、头痛、痰饮、噎膈、痞积。

◆ 成分和药理

威灵仙主要含皂苷（威灵仙皂苷 A、B，常春藤皂苷元）、黄酮（橙皮苷、大豆素）、三萜，具有抗炎、镇痛、保肝利胆、促尿酸排泄、松弛平滑肌等作用。

◆ 用法和禁忌

威灵仙可祛风胜湿、温经通络。若配伍牛膝，可增强祛风胜湿、活血通络止痛之功，用于治疗寒湿阻滞之关节疼痛、屈伸不利等以下半身为重者；治疗上半身痹痛，多配伍羌活。治疗下肢水肿疼痛，

中药威灵仙

多配伍防己、苍术等。治疗诸骨鲠喉伴恶心欲吐而不出者，可配伍砂仁，行气和胃。煎汤用量 6 ～ 10 克，外用适量。气血虚弱，无风寒湿邪者慎服。

九香虫

九香虫是蝽科昆虫九香虫的干燥全虫。又称黑兜虫、爪黑蝽、屁板虫。理气药。始载于《本草纲目》。

◆ 产地和分布

九香虫产于中国贵州、四川、重庆、云南等省。11 月至次年 3 月前捕捉，置适宜容器内，用酒少许将其闷死，取出阴干；或置沸水中烫

死，取出，干燥。商品药材主要来自野生。

◆ 性状

九香虫略呈六角状扁椭圆形，长 1.6～2 厘米，宽约 1 厘米。表面棕褐色或棕黑色，略有光泽。头部小，与胸部略呈三角形，复眼突出，卵圆状，单眼 1 对，触角 1 对各 5 节，多已脱落。背部有翅 2 对，外面的 1 对基部较硬，内部 1 对为膜质，透明。胸部有足 3 对，多已脱落。腹部棕红色至棕黑色，每节近边缘处有突起的小点。质脆，折断后腹内有浅棕色的内含物。气特异，味微咸。

◆ 药性和功用

九香虫味咸，性温，归肝、脾、肾经。具有理气止痛、温中助阳功能，用于胃寒胀痛、肝胃气痛、肾虚阳痿、腰膝酸痛。

◆ 成分和药理

九香虫主要含脂肪（硬脂酸、棕榈酸、油酸）、蛋白质、甲壳质等，具有抑菌、抗癌等作用。

◆ 用法和禁忌

九香虫走窜而行气止痛，又咸温助阳，善治肾阳不足。配伍香附、延胡索等，可治胸胁胀痛、胃脘疼痛；配伍木香、厚朴等，可治脘腹冷痛、气机不畅；单用或配伍淫羊藿、杜仲等，可治疗腰膝酸软、阳痿宫冷、命门火衰。煎服用量 3～9 克，或入丸散 0.6～1.2 克。阴虚内热者禁服。

水 蛭

水蛭是水蛭科动物蚂蟥、水蛭或柳叶蚂蟥的干燥全体。又称蛭蟥、马蜞、蚂蟥等。破血消癥药。始载于《神农本草经》。

◆ **产地和分布**

水蛭和蚂蟥在中国大部分地区均有分布。商品药材主要来自野生或养殖。

◆ **性状**

蚂蟥呈扁平纺锤形，有多数环节，长 4 ～ 10 厘米，宽 0.5 ～ 2 厘米。背部黑褐色或黑棕色，稍隆起，用水浸后，可见黑色斑点排成 5 条纵纹；腹面平坦，棕黄色。两侧棕黄色，前端略尖，后端钝圆。两端各具 1 吸盘，前吸盘不显著，后吸盘较大。质脆，易折断，断面胶质状。气微腥。

水蛭呈扁长圆柱形，体多弯曲扭转，长 2 ～ 5 厘米，宽 0.2 ～ 0.3 厘米。

柳叶蚂蟥狭长而扁，长 5 ～ 12 厘米，宽 0.1 ～ 0.5 厘米。

◆ **药性和功用**

水蛭味咸、苦，性平，有小毒，归肝经。具有破血通经、逐瘀消癥的功效，用于血瘀经闭、癥瘕痞块、中风偏瘫、跌扑损伤。

◆ **成分和药理**

水蛭主要含有抗凝血酶、肝素、水蛭素、蛋白质、多肽、蝶啶、糖脂、羧酸酯和甾体等，具有抗凝、抗血栓、降低血液黏度、降血脂、抗早孕等作用。

◆ **用法和禁忌**

水蛭咸苦入血分，通过破血逐瘀之功，以达通经、消癥、疗伤之效。治经闭、癥瘕，常配破血逐瘀如与桃仁等药同用；治跌打损伤，可配伍苏木、自然铜等活血疗伤药用。煎服 1 ～ 3 克，研末服 0.3 ～ 0.5 克。

体弱血虚、无瘀血停聚及孕妇忌服。

水红花子

红蓼

中药水红花子

水红花子是蓼科植物红蓼的干燥成熟果实。破血消癥药。始载于《名医别录》。

◆ **产地和分布**

红蓼在中国广布于除西藏之外的地方，野生或栽培。生长在沟边湿地、村边路旁，海拔 30 ～ 2700 米。

秋季果实成熟时割取果穗，晒干，打下果实，除去杂质。商品药材主要来源于野生。

◆ **性状**

水红花子呈扁圆形，直径 2 ～ 3.5 毫米，厚 1 ～ 1.5 毫米。表面棕黑色，有的红棕色，有光泽，两面微凹，中部略有纵向隆起。顶端有突起的柱基，基部有浅棕色略突起的果梗痕，有的有膜质花被残留。质硬。气微，味淡。

◆ **药性和功用**

水红花子味咸，性微寒，归肝、胃经。具有散血消癥、消积止痛、利水消肿功能，用于癥瘕痞块、瘿瘤、食积不消、胃脘胀痛、水肿腹水。

◆ 成分和药理

水红花子主要含有黄酮（槲皮素、花旗松素、山奈酚、柚皮素等）、鞣质（逆没食子酸类鞣质等）、挥发油（异长叶烯、石竹烯氧化物、香叶基丙酮等）、脂肪油（十六烷酸甲酯、正二十烷酸等）、皂苷等，具有抗肿瘤、免疫抑制、抗氧化、消积止痛、抗肝纤维化、抑菌、利尿等作用。

◆ 用法和禁忌

水红花子治疗腹中痞积，可用文武火熬成膏摊贴，或以酒调膏服，用时忌荤腥油腻。治疗慢性肝炎、肝硬化腹水，可与大腹皮、黑牵牛子同用。治疗脾肿大、肚子胀，用水煎熬膏，黄酒或开水送服，并用水红花子膏摊布上，外贴患部，每天换药一次。治瘰疬，微炒一半，余一半生用，同为末，用酒调服。内服用量 15 ～ 30 克；外用适量，熬膏敷患处。血分无瘀滞及脾胃虚寒者慎服。

土鳖虫

土鳖虫是鳖蠊科昆虫地鳖或冀地鳖雌虫的全体。活血疗伤药。始载于《神农本草经》。

◆ 产地和分布

地鳖在中国各地均有，主产于湖南、湖北、江苏、河南，以江苏的产品最佳。野生者夏季捕捉，捕捉后置沸水中烫死，晒干或烘干。商品药材主要来源于养殖。

◆ **性状**

地鳖呈扁平卵形，长 1.3 ～ 3 厘米，宽 1.2 ～ 2.4 厘米。前端较窄，后端较宽，背部紫褐色，具光泽，无翅。前胸背板较发达，盖住头部；腹背板 9 节，呈覆瓦状排列。腹面红棕色，头部较小，有丝状触角 1 对，常脱落，胸部有足 3 对，具细毛和刺。腹部有横环节。质松脆，易碎。气腥臭，味微咸。

冀地鳖长 2.2 ～ 3.7 厘米，宽 1.4 ～ 2.5 厘米。背部黑棕色，通常在边缘带有淡黄褐色斑块及黑色小点。

◆ **药性和功用**

土鳖虫味咸，性寒，有小毒，归肝经。具有破血逐瘀、续筋接骨功能，用于跌打损伤、筋伤骨折、血瘀经闭、产后瘀阻腹痛、癥瘕痞块。

◆ **成分和药理**

土鳖虫主要含有脂肪酸、氨基酸、生物碱、胆甾醇、挥发油等，具有抗凝血、调脂、保肝、抑制白血病细胞、调节心脑血管系统等作用。

◆ **用法和禁忌**

土鳖虫咸寒入血，主入肝经，性善走窜，能活血消肿止痛，续筋接骨疗伤，为伤科常用药，尤多用于骨折筋伤、瘀血肿痛。可单用研末调敷，或研末黄酒冲服；临床常与自然铜、骨碎补、乳香等同用；骨折筋伤后期，筋骨软弱，常配伍续断、杜仲等药。土鳖虫还能破血逐瘀而消积通经，常用于经产瘀滞之证及积聚痞块。治血瘀经闭、产后瘀滞腹痛，常与大黄、桃仁等同用，如下瘀血汤；治疗经闭腹满、肌肤甲错，配伍大黄、水蛭等；治疗积聚痞块，可配伍柴胡、桃仁、鳖甲等。煎服用量 3 ～ 10 克，研末服 1 ～ 1.5 克，黄酒送服；外用适量。孕妇忌服。

鹿　茸

鹿茸是鹿科动物梅花鹿或马鹿的雄鹿未骨化密生茸毛的幼角，前者习称"花鹿茸"，后者习称"马鹿茸"。名贵补阳中药。始载于《神农本草经》。

◆ 产地和分布

梅花鹿分布很广，在中国东北、华北、华东、中南、西南及台湾等地均有分布，以东北最多，主产于吉林和辽宁。主要栖息于海拔 450 ～ 1200 米的针阔叶混交林中。

马鹿主要分布于中国西北、东北及内蒙古等地，包括新疆、吉林、黑龙江、内蒙古、青海及甘肃甘南地区。主要栖息于大面积的混交林或高山森林草原之中。家养马鹿主产于新疆、黑龙江、内蒙古、青海。

梅花鹿和马鹿分别被《国家重点保护野生动物名录》列为Ⅰ级和Ⅱ级保护动物。夏、秋二季锯取鹿茸，经加工后，阴干或烘干。商品药材

梅花鹿

马鹿

均来自养殖。

◆ **性状**

花鹿茸呈圆柱状分枝，具一个分枝者习称"二杠"，主枝习称"大挺"，长 17 ～ 20 厘米，锯口直径 4 ～ 5 厘米，离锯口约 1 厘米处分出侧枝，习称"门庄"，长 9 ～ 15 厘米，直径较"大挺"略细。外皮红棕色或棕色，多光润，表面密生红黄色或棕黄色细茸毛，上端较密，下端较疏；分岔间具 1 条灰黑色筋脉，皮茸紧贴。锯口黄白色，外围无骨质，中部密布细孔。具两个分枝者，习称"三岔"，大挺长 23 ～ 33 厘米，直径较二杠细，略呈弓形，微扁，枝端略尖，下部多有纵棱筋及突起疙瘩；皮红黄色，茸毛较稀而粗。体轻。气微腥，味微咸。二茬茸与头茬茸相似，但挺长而不圆或下粗上细，下部有纵棱筋。皮灰黄色，茸毛较粗糙，锯口外围多已骨化。体较重。无腥气。

马鹿茸较花鹿茸粗大，分枝较多，侧枝一个者习称"单门"，两个者习称"莲花"，三个者习称"三岔"，四个者习称"四岔"或更多。按产地分为"东马鹿茸"和"西马鹿茸"。东马鹿茸"单门"大挺长 25 ～ 27 厘米，直径约 3 厘米，外皮灰黑色，茸毛灰褐色或灰黄色，锯口面外皮较厚，灰黑色，中部密布细孔，质嫩；"莲花"大挺长可达33 厘米，下部有棱筋，锯口面蜂窝状小孔稍大；"三岔"皮色深，质较老；"四岔"茸毛粗而稀，大挺下部具棱筋及疙瘩，分枝顶端多无毛，习称"捻头"。西马鹿茸，大挺多不圆，顶端圆扁不一，长 30 ～ 100 厘米。表面有棱，多抽缩干瘪，分枝较长且弯曲，茸毛粗长，灰色或黑灰色。锯口色较深，常见骨质。气腥臭，味咸。

◆ **药性和功用**

鹿茸味甘、咸，性温，归肾、肝经。具有壮肾阳、益精血、强筋骨、调冲任、托疮毒之功，用于肾阳不足、精血亏虚、阳痿滑精、宫冷不孕、羸瘦、神疲、畏寒、眩晕、耳鸣、耳聋、腰脊冷痛、筋骨痿软、崩漏带下、阴疽不敛等。

◆ **成分和药理**

鹿茸主要含有氨基酸、脂肪酸、含氮类、激素（如雌二醇、睾酮、前列腺素、黄体素、垂体泌乳素）等，具有促进生殖系统的生长和发育、提高性功能、增强机体免疫力、抗氧化、抗衰老、抗肿瘤、加速皮肤创口愈合等作用。

◆ **用法和禁忌**

鹿茸因其具补肾阳、益精血，又能兼调冲任、止带下、托疮毒等功能，而分别用治妇女冲任虚寒之崩漏、带下，阴疽疮肿内陷不起或疮疡久溃不敛等。另外，梅花鹿和各种雄鹿已骨化的角亦可作药用，为鹿角；鹿角煎熬浓缩成的胶块则为鹿角胶，鹿角熬膏所剩残渣则为鹿角霜。

研末冲服，每日 1～3 克，分 3 次服；或入丸、散，随方配制。服用时宜从小量开始，不可骤用大量，以免因阳升风动而致头晕目赤或助火动血而致鼻衄。凡阴虚阳亢、血分有热、胃火盛或肺有痰热及外感热病者忌用。

龟　甲

龟甲为龟科动物乌龟的背甲及腹甲。又称龟板。补阴药。始载于《神农本草经》。

◆ **产地和分布**

乌龟的自然分布较广。中国大部分地区都有出产，以长江中下游地区较为集中，主产于江苏、浙江、安徽、湖北、湖南等省。

全年均可捕捉，以秋、冬二季为多。捕捉后杀死，或用沸水烫死，剥取背甲和腹甲，除去残肉，晒干。商品药材来源于养殖。

◆ **性状**

乌龟的背甲及腹甲由甲桥相连，背甲稍长于腹甲，与腹甲常分离。背甲呈长椭圆形拱状，长 7.5～22 厘米，宽 6～18 厘米；外表面棕褐色或黑褐色，脊棱 3 条；颈盾 1 块，前窄后宽；椎盾 5 块，第 1 椎盾长大于宽或近相等，第 2～5 椎盾宽大于长；肋盾两侧对称，各 4 块；缘盾每侧 11 块；臀盾 2 块。腹甲呈板片状，近长方椭圆形，长 6.4～21 厘米，宽 5.5～17 厘米；外表面淡黄棕色至棕黑色，盾片 12 块，每块常具紫褐色放射状纹理。腹盾、胸盾和股盾中缝均长，喉盾、肛盾次之，

乌龟

肱盾中缝最短。内表面黄白色至灰白色，有的略带血迹或残肉，除净后可见骨板 9 块，呈锯齿状嵌接；前端钝圆或平截，后端具三角形缺刻，两侧残存呈翼状向斜上方弯曲的甲桥。质坚硬。气微腥，味微咸。

◆ **药性和功用**

龟甲味咸、甘，性微寒，归肝、肾、心经。具有滋阴潜阳、益肾强

骨、养血补心、固经止崩功效，常用于阴虚潮热、骨蒸盗汗、头晕目眩、虚风内动、筋骨痿软、心虚健忘、崩漏经多等。

◆ **成分和药理**

龟甲主要含有甾醇（如甾醇 -4- 烯 -3- 酮、胆甾醇、十六烷基胆甾醇酯）等，具有延缓细胞衰老、促进免疫等作用。

◆ **用法和禁忌**

龟甲常用于治疗阴虚发热，可与熟地黄、知母、黄柏等配伍。治疗阴虚阳亢，可与生牡蛎、鳖甲、白芍、生地黄等配伍；治疗阴虚而动风者，再增入阿胶、鸡子黄等以滋液而息风。龟甲与牛膝、锁阳、虎骨、当归、芍药等品同用，可用于筋骨不健、囟门不合等症。龟甲还有滋阴益血的功效，能益肾阴而通任脉，且性平偏凉，配合地黄、墨旱莲等同用，可治疗血热所致的崩漏等。龟甲与当归、川芎、牛膝等品配伍，还可用于难产。煎服用量 9 ～ 24 克，先煎。

鳖　甲

鳖甲是鳖科动物鳖的背甲。补阴药。始载于《神农本草经》。

◆ **产地和分布**

鳖在中国分布广，主产地在湖北、湖南、江苏、安徽、河南、江西等地，常栖息于

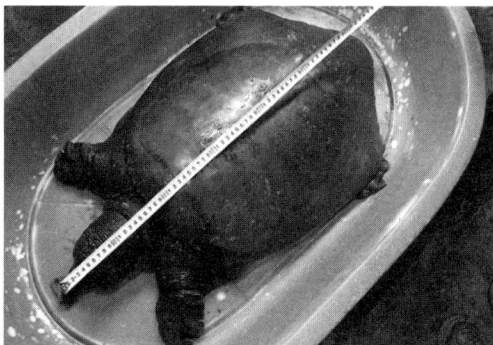

中华鳖

靠近水源的陆地洞穴、灌木草丛等荫蔽处，或底层为沙泥的河流、湖泊、水库、池塘中。

全年均可捕捉，以秋、冬二季为多。捕捉后杀死，置沸水中烫至背甲上的硬皮能剥落时，取出，剥取背甲，除去残肉，晒干。商品药材主要来源于养殖。

◆ **性状**

鳖甲呈椭圆形或卵圆形，背面隆起，长10～15厘米，宽9～14厘米。外表面黑褐色或墨绿色，略有光泽，具细网状皱纹及灰黄色或灰白色斑点，中间有一条纵棱，两侧各有左右对称的横凹纹8条，外皮脱落后，可见锯齿状嵌接缝。内表面类白色，中部有突起的脊椎骨，颈骨向内卷曲，两侧各有肋骨8条，伸出边缘。质坚硬。气微腥，味淡。

◆ **药性和功用**

鳖甲味咸，性微寒，归肝、肾经。具有滋阴潜阳、退热除蒸、软坚散结功效，常用于阴虚发热、骨蒸劳热、阴虚阳亢、头晕目眩、虚风内动、手足瘛疭、经闭、癥瘕、久疟疟母等。

◆ **成分和药理**

鳖甲主要含骨胶原、中华鳖多糖、氨基酸、微量元素（铁、铜、锌、镁、磷等）等，具有免疫调节、抗辐射、抗肿瘤、抗疲劳、耐缺氧、保肝等作用。

◆ **用法和禁忌**

鳖甲常用于阴虚发热、骨蒸劳热、阴虚阳亢等。治疗男女骨蒸劳瘦，常以醋炙黄，加青蒿煎汤服。炙鳖甲捣末，可治疗老疟久不断。煎服用量 9～24 克，先煎。脾胃虚寒、食少便溏者及孕妇禁服。

硼　砂

硼砂是矿物硼砂经精制而成的结晶。拔毒化腐生肌药。始载于《日华子本草》。

◆ 产地和分布

硼砂产于干涸的含硼盐湖中。在中国产于青海、西藏，此外，云南、新疆、四川、陕西、甘肃等地亦产。一般于 8～11 月采挖，除去杂质，捣碎，生用或煅用。

◆ 性状

硼砂由菱形、柱形或粒状结晶组成的不整齐块状，大小不一，无色透明或白色半透明，有玻璃样光泽。日久则风化成白色粉末，不透明，微有脂肪样光泽。体轻，质脆易碎。气无，味咸苦。

◆ 药性和功用

硼砂味甘、咸，性凉，归肺、胃经。外用清热解毒，内用清肺化痰。内服用于痰热咳嗽及噎膈积聚、诸骨鲠喉，外用用于咽喉肿痛、口舌生疮、目赤翳障胬肉、阴部溃疡。

◆ 成分和药理

硼砂的主要成分为四硼酸钠及少量铅、铜、钙、铝、铁、镁、硅等杂质。具有弱的抑菌（大肠杆菌、绿脓杆菌、炭疽杆菌等）作用，可冲洗溃疡、脓肿，特别是黏膜发炎，如结膜炎、胃炎等；还具有防腐、抗惊厥等作用。

◆ **用法和禁忌**

硼砂为喉科及眼科常用药，多外用。配伍冰片、玄明粉、朱砂，可治咽喉、口齿肿痛；配伍冰片、炉甘石、玄明粉点眼，可治火眼及翳障胬肉。硼砂内服具有清肺化痰的作用，配伍沙参、玄参、贝母、瓜蒌、黄芩等，可治痰热咳嗽并有咽喉肿痛。内服入丸、散，用量1.5～3克；外用适量，沸水溶化冲洗或研末撒。以外用为主，内服宜慎。

附 子

附子是毛茛科植物乌头的子根的加工品。温里药。始载于《神农本草经》。

◆ **产地和分布**

乌头产于中国各地。生于山地草坡或灌丛中。商品药材主要来自栽培。按照加工方法不同可分为盐附子、黑顺片、白附片。

◆ **性状**

盐附子为圆锥形，表面灰黑色，被盐霜，顶端有凹陷的芽痕，周围有瘤状突起的支根或支根痕。体重，横切面灰褐色，可见充满盐霜的小空隙和多角形形成层环纹，环纹内侧导管束排列不整齐。气微，味咸而麻，刺舌。

黑顺片为纵切片，外皮黑褐色，切面暗黄色，油润具光泽，半透明状，有纵向导管束。质硬而脆，断面角质样。气微，味淡。白附片无外皮，黄白色，半透明，厚约0.3厘米。

◆ **药性和功用**

附子味辛、甘，性大热，有毒，归心、肾、脾经。具有回阳救逆、补火助阳、温经散寒、除湿止痛、散寒通络功能，用于亡阳虚脱、肢冷脉微、心阳不足、胸痹心痛、虚寒吐泻、脘腹冷痛、肾阳虚衰、阳痿宫冷、阴寒水肿、阳虚外感、寒湿痹痛。

◆ **成分和药理**

附子主要含生物碱（乌头碱、新乌头碱、次乌头碱）、多糖（乌头多糖A、B、C、D）等，具有强心、抗心肌缺血、抗心律失调、抗炎、镇痛、调节免疫系统、调节垂体－肾上腺皮质系统、改善微循环、局麻、抗肿瘤、抗血栓等作用。

◆ **用法和禁忌**

附子用于治疗亡阳虚脱时，常与干姜、甘草等同用；治疗肢冷脉微、心阳不足、心悸气短、胸痹心痛，常配人参、桂枝等；治疗冷汗淋漓，配伍龙骨、牡蛎以止汗固脱。治疗肾阳虚衰、虚寒吐泻、脘腹冷痛、大便泄溏者，常配伍党参、白术、干姜等；治疗阴寒水肿、阳虚外感，可配麻黄、细辛；治疗两足畏冷、小便清长、阳痿宫冷者，可与肉桂、杜仲等配伍；治疗阳虚自汗，可配伍五味子。同时还能用于风寒湿痹。治疗寒湿痹痛，常配伍苍术、桂枝等；与散寒行气止痛的药物配伍，

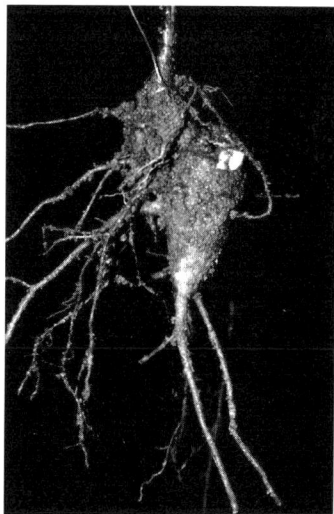

乌头根

可治疗寒凝气滞的脘腹疼痛。

煎服用量 3～15 克，有毒，应先煎或久煎，至口尝无麻辣感为度。阴虚阳亢者以及孕妇慎用，且不宜与半夏、瓜蒌、瓜蒌子、瓜蒌皮、天花粉、川贝母、浙贝母、平贝母、伊贝母、湖北贝母、白蔹、白及同用。

羚羊角

羚羊角是牛科动物赛加羚羊的角。又称高鼻羚羊角。息风止痉药。始载于《神农本草经》。

◆ **产地和分布**

赛加羚羊主产于俄罗斯，中国新疆、青海等地也有。

猎取后锯取其角，晒干。商品药材主要来自野生。2021 年 2 月正式公布的《国家重点保护野生动物名录》赛加羚羊被列为国家一级保护动物，现在基本不再使用，或采用其他替代品。

◆ **性状**

羚羊角呈长圆锥形，略呈弓形弯曲，长 15～33 厘米；类白色或黄白色，基部稍呈青灰色。嫩枝对光透视有"血丝"或紫黑色斑纹，光润如玉，无裂纹，老枝则有细纵裂纹。除尖端部分外，

赛加羚羊

有 10 ～ 16 个隆起环脊，间距约 2 厘米，用手握之，四指正好嵌入凹处。角的基部横截面圆形，直径 3 ～ 4 厘米，内有坚硬质重的角柱，习称"骨塞"。骨塞长约占全角的 1/2 或 1/3，表面有突起的纵棱与其外面角鞘内的凹沟紧密嵌合，从横断面观，其结合部呈锯齿状。除去骨塞后，角的下半段成空洞，全角呈半透明，对光透视，上半段中央有一条隐约可辨的细孔道直通角尖，习称"通天眼"。质坚硬。气微，味淡。

◆ **药性和功用**

羚羊角味咸，性寒，归肝、心经。具有平肝息风、清肝明目、散血解毒功能，用于肝风内动、惊痫抽搐、妊娠子痫、高热痉厥、癫痫发狂、头痛眩晕、目赤翳障、温毒发斑、痈肿疮毒等。

◆ **成分和药理**

羚羊角含有角质蛋白、磷酸钙、微量元素等，具有抑制中枢神经系统、镇静、镇痛、增强动物耐缺氧能力、抗惊厥、解热、降压等作用。

◆ **用法和禁忌**

羚羊角性寒，主入厥阴肝经，为凉肝息风止痉之要药。因其清热力强，故尤善治热盛风动之惊痫抽搐，可单用锉粉，装胶囊服用或与钩藤、白芍、菊花等同用。若治热闭心包，热盛动风之高热烦躁、神昏谵语、惊厥抽搐者，宜与水牛角、石膏、寒水石等同用。治疗肝阳上亢之头晕、头胀、头痛、耳鸣等，常与夏枯草、黄芩、槲寄生同用。治疗肝经火盛，上攻头目之头痛、目赤肿痛、羞明流泪、目生翳障等，可单用锉末服，或与决明子、黄芩、龙胆草等同用。羚羊角还有泻火解毒之功，治疗温毒发斑，可单用锉末服，或配生地黄、赤芍、大青叶等同用。治热毒疮肿，可与金银花、连翘、栀子等同用。煎服用量 1 ～ 3 克，也可磨汁或研粉服，每次 0.3 ～ 0.6 克。脾虚慢惊者慎服。

全　蝎

全蝎是钳蝎科动物东亚钳蝎的干燥体。又称全虫、蝎子。息风止痉药。始载于《蜀本草》。

◆ 产地和分布

全蝎在中国山东、山西、河南、湖北均有分布。春末至秋初捕捉，除去泥沙，置沸水或沸盐水中，煮至全身僵硬，捞出，置通风处，阴干。商品药材来源于养殖。

◆ 性状

全蝎头胸部与前腹部呈扁平长椭圆形，后腹部呈尾状，皱缩弯曲，完整者体长约 6 厘米。头胸部呈绿褐色，前面有 1 对短小的螯肢和 1 对较长大的钳状脚须，形似蟹螯，背面覆有梯形背甲，腹面有足 4 对，均为 7 节，末端各具 2 爪钩；前腹部由 7 节组成，第 7 节色深，背甲上有 5 条隆脊线。背面绿褐色，后腹部棕黄色，6 节，节上均有纵沟，末节有锐钩状毒刺，毒刺下方无距。气微腥，味咸。

◆ 药性和功用

全蝎味辛，性平，有毒，归肝经。具有息风镇痉、通络止痛、攻毒散结功能，用于肝风内动、痉挛抽搐、小儿惊风、中风口喎、半身不遂、破伤风、风湿顽痹、偏正头痛、疮疡、瘰疬。

◆ 成分和药理

全蝎主要含有甾体（如十六烷酰胆甾醇酯、胆甾醇）、脂肪酸（十八烷酸、十六烷酸）、蝎毒素、三甲胺、牛磺酸、甜菜碱等，具有抗惊厥、抗癫痫、抗肿瘤、镇痛、镇静、抑菌、抗凝血、免疫调节等作用。

◆ 用法和禁忌

全蝎走窜之力极强，能透骨搜风，祛瘀通络。配伍麝香可治疗风湿顽痹、筋节挛急疼痛；配伍天麻、苍术、草乌、附子可治疗肾气亏虚之关节疼痛；配伍穿山甲、地龙、蜈蚣、麝香、白僵蚕、没药等可治疗周身关节疼痛、游走不定；配伍白附子、僵蚕可治疗中风偏瘫、口眼㖞斜。全蝎归肝经，专主肝风，能搜一身之风邪，风去则抽搐痉挛自止。配伍蜈蚣、蕲蛇、天南星可治疗小儿急慢惊风之抽搐痉挛。全蝎走窜四肢，搜剔风邪，亦可攻毒散结，以毒攻毒。配伍防风、蕲蛇可治疗湿热蕴结肌肤所致的紫癜风。可入汤剂、丸剂、散剂、膏剂、酒剂，用量3～6克。孕妇禁用。

地　龙

地龙是钜蚓科动物参环毛蚓、通俗环毛蚓、威廉环毛蚓或栉盲环毛蚓的干燥体，前一种习称"广地龙"，后三种习称"沪地龙"。息风止痉药。始载于《神农本草经》。

◆ 产地和分布

地龙在中国分布较广，多生活于潮湿疏松泥土中。广地龙春季至秋季捕捉，沪地龙夏季捕捉，及时剖开腹部，除去内脏和泥沙，洗净，晒干或低温干燥。商品药材主要来源于野生。

◆ **性状**

广地龙呈长条状薄片，弯曲，边缘略卷，长 15～20 厘米，宽 1～2厘米。全体具环节，背部棕褐色至紫灰色，腹部浅黄棕色；第 14～16 环节为生殖带，习称"白颈"，较光亮。体前端稍尖，尾端钝圆，刚毛圈粗糙而硬，色稍浅。雄生殖孔在第 18 环节腹侧刚毛圈一小孔突上，外缘有数环绕的浅皮褶，内侧刚毛圈隆起，前面两边有横排（一排或二排）小乳突，每边 10～20 个不等。受精囊孔 2 对，位于 7/8 至 8/9 环节间一椭圆形突起上，约占节周 5/11。体轻，略呈革质，不易折断，气腥，味微咸。

沪地龙长 8～15 厘米，宽 0.5～1.5 厘米。全体具环节，背部棕褐色至黄褐色，腹部浅黄棕色；第 14～16 环节为生殖带，较光亮；第 18 环节有一对雄生殖孔。通俗环毛蚓的雄交配腔能全部翻出，呈花菜状或阴茎状；威廉环毛蚓的雄交配腔孔呈纵向裂缝状；栉盲环毛蚓的雄生殖孔内侧有一个或多个小乳突。受精囊孔 3 对，在 6/7 至 8/9 环节间。

◆ **药性和功用**

地龙味咸，性寒，归肝、脾、膀胱经。具有清热定惊、通络、平喘、利尿功能，用于高热神昏、惊痫抽搐、关节痹痛、肢体麻木、半身不遂、肺热喘咳、水肿尿少。

◆ **成分和药理**

地龙主要含有氨基酸、有机酸（如琥珀酸）、嘌呤（如黄嘌呤、腺嘌呤、次黄嘌呤）、酶类（如纤溶酶、胆碱酯酶、过氧化氢酶）、脂肪酸及其酯类（如棕榈酸、十五烷酸、硬脂酸、油酸、花生四烯酸）、甾醇（如胆固醇、麦角二烯酸-7，22-醇-3a）、蛋白（如蚯蚓素、蚯蚓毒素）等，具有溶血栓、改善微循环、降压、降血脂、解热镇痛、平喘止咳、抗过敏、抗炎、促进伤口愈合、抑制瘢痕形成、抗肿瘤、增强免疫等作用。

◆ **用法和禁忌**

地龙治疗温热病的高热烦躁、狂言乱语，或癫痫、惊风、痉挛抽搐，与黄连、大青叶、羚羊角、钩藤等配伍，以清热解毒、息风镇痉。痰火盛者，配伍浙贝母、竹沥、天竺黄、胆南星以清热、涤痰、定惊。肝阳上亢头痛眩晕证，可配天麻、钩藤、夏枯草、石决明等以平肝潜阳。治疗精神分裂症属于狂热型者，用鲜地龙漂净加白糖同研化水服，有镇静安定之效。治疗热性哮喘、小儿顿咳，可用地龙制成粉剂，装入胶囊内服，每次3克，每日两次；或配伍甘草、冰糖煎服。治疗热结膀胱、小便不通，古方单用鲜地龙杵烂，加冷开水滤取浓汁以取效。治疗湿热停聚而致的水肿、肢浮、小便不利，可配猪苓、泽泻、大腹皮、冬瓜皮等同用以清热利水。地龙善于通络，适用于关节痹痛、屈伸不利、肢体麻木。治疗热痹宜配伍络石藤、忍冬藤，治疗寒痹则配伍乌头、桂枝。与黄芪、当归、桃仁、红花等配伍，可用于治疗中风半身不遂证属气虚血滞者。鲜地龙加白糖化水或捣烂局部涂敷，可用于多种外伤科疾患，如急性腮腺炎、慢性下肢溃疡、漆疮、丹毒，以及跌打损伤、烫火伤等。煎服用量 5 ～ 10 克，研末服用量 1 ～ 2 克。脾胃虚寒者不宜。

牡　蛎

牡蛎是牡蛎科动物长牡蛎、大连湾牡蛎或近江牡蛎的壳。又称蛎黄、海蛎子。平抑肝阳药。始载于《神农本草经》。

◆ 产地和分布

牡蛎产于中国广东、福建、浙江等地。全年均可捕捞，去肉，洗净，晒干。商品药材主要来自养殖。

◆ 性状

长牡蛎呈长片状，背腹缘几平行，长 10 ～ 50 厘米，高 4 ～ 15 厘米。右壳较小，鳞片坚厚，层状或层纹状排列。壳外面平坦或具数个凹陷，淡紫色、灰白色或黄褐色；内面瓷白色，壳顶二侧无小齿。左壳凹陷深，鳞片较右壳粗大，壳顶附着面小。质硬，断面层状，洁白。气微，味微咸。

大连湾牡蛎呈类三角形，背腹缘呈八字形。右壳外面淡黄色，具疏松的同心鳞片，鳞片起伏成波浪状，内面白色。左壳同心鳞片坚厚，自壳顶部放射肋数个，明显，内面凹下呈盒状，铰合面小。

牡蛎

近江牡蛎呈圆形、卵圆形或三角形等。右壳外面稍不平，有灰、紫、棕、黄等色，环生同心鳞片，幼体者鳞片薄而脆，多年生长后鳞片层层相叠，内面白色，边缘有的为淡紫色。

◆ **药性和功用**

牡蛎味咸，性微寒，归肝、胆、肾经。生牡蛎具有重镇安神、潜阳补阴、软坚散结功能，用于惊悸失眠、眩晕耳鸣、瘰疬痰核、癥瘕痞块；煅牡蛎收敛固涩、制酸止痛，用于自汗盗汗、遗精滑精、崩漏带下、胃痛吞酸。

◆ **成分和药理**

牡蛎含有碳酸钙、糖原、蛋白质、氨基酸、牛磺酸、脂肪酸、维生素、无机盐等，具有增强免疫功能、抗肿瘤、抗氧化、抗疲劳、降血糖、降血脂、降血压、保肝、醒酒、镇静、抗惊厥、镇痛等作用。

◆ **用法和禁忌**

牡蛎为咸寒沉降，入肝、肾经，常与代赭石、龙骨、白芍等配伍，治疗肝肾阴虚、肝阳上亢之头晕目眩、耳鸣耳胀、烦躁易怒等。还有镇静安神之功，功似龙骨而力稍逊，常与龙骨配伍用于治疗心神不安、惊悸怔忡、失眠多梦。牡蛎还能清热软坚散结，可单用为末，调鸡胆汁外敷，或与浙贝母、玄参、夏枯草等配伍，用治痰火郁结之瘰疬、瘿瘤。与鳖甲、柴胡、桃仁等配伍，可用治痰瘀互结之胁下痞块。煅后可用于体虚不固所致的多种滑脱证。与黄芪、麻黄根等配伍，可治自汗、盗汗。与沙苑子、芡实、龙骨等配伍，可用治肾虚不固之遗精滑泄。与桑螵蛸、金樱子、益智仁等配伍，可用治尿频、遗尿。与龙骨、海螵蛸、山药等配伍，用于治疗崩漏、带下。煅用还有制酸止痛之功，可用于胃痛泛酸。煎服用量9～30克。

石决明

石决明是鲍科动物杂色鲍、皱纹盘鲍、羊鲍、澳洲鲍、耳鲍或白鲍的壳。又称鳆鱼甲、千里光。平肝息风药。始载于《名医别录》。

◆ **产地和分布**

杂色鲍分布于中国东海和南海，多栖息于盐度高、水质清和海藻丛生的水深 10 米左右的岩礁海底。皱纹盘鲍分布于中国黄海和渤海，生活于海水较深、海藻茂盛的岩石上。羊鲍分布于中国海南岛和西沙、东沙群岛及台湾海峡，生活于潮下带岩石、珊瑚礁及藻类较多的海底。澳洲鲍分布于澳大利亚、新西兰。耳鲍分布于中国海南岛和西沙、东沙群岛及台湾海峡，生活于暖海低潮线以下的岩石、珊瑚礁及藻类丛生的海底。夏、秋二季捕捞，去肉，洗净，干燥。商品药材主要来自养殖。

◆ **性状**

杂色鲍呈长卵圆形，内面观略呈耳形，长 7～9 厘米，宽 5～6 厘米，高约 2 厘米。表面暗红色，有多数不规则的螺肋和细密生长线，螺旋部小，体螺部大，从螺旋部顶处开始向右排列有 20 余个疣状突起，末端 6～9 个开孔，孔口与壳面平。内面光滑，具珍珠样彩色光泽。壳较厚，质坚硬，

杂色鲍

不易破碎。气微，味微咸。

皱纹盘鲍呈长椭圆形，长 8 ～ 12 厘米，宽 6 ～ 8 厘米，高 2 ～ 3 厘米。表面灰棕色，有多数粗糙而不规则的皱纹，生长线明显，常有苔藓类或石灰虫等附着物，末端 4 ～ 5 个开孔，孔口突出壳面，壳较薄。

羊鲍近圆形，长 4 ～ 8 厘米，宽 2.5 ～ 6 厘米，高 0.8 ～ 2 厘米。壳顶位于近中部而高于壳面，螺旋部与体螺部各占 1/2，从螺旋部边缘有 2 行整齐的突起，尤以上部较为明显，末端 4 ～ 5 个开孔，呈管状。

澳洲鲍呈扁平卵圆形，长 13 ～ 17 厘米，宽 11 ～ 14 厘米，高 3.5 ～ 6 厘米。表面砖红色，螺旋部约为壳面的 1/2，螺肋和生长线呈波状隆起，疣状突起 30 余个，末端 7 ～ 9 个开孔，孔口突出壳面。

耳鲍狭长，略扭曲，呈耳状，长 5 ～ 8 厘米，宽 2.5 ～ 3.5 厘米，高约 1 厘米。表面光滑，具翠绿色、紫色及褐色等多种颜色形成的斑纹，螺旋部小，体螺部大，末端 5 ～ 7 个开孔，孔口与壳平，多为椭圆形，壳薄，质较脆。

白鲍呈卵圆形，长 11 ～ 14 厘米，宽 8.5 ～ 11 厘米，高 3 ～ 6.5 厘米。表面砖红色，光滑，壳顶高于壳面，生长线颇为明显，螺旋部约为壳面的 1/3，疣状突起 30 余个，末端 9 个开孔，孔口与壳平。

◆ **药性和功用**

石决明味咸，性寒，归肝经。具有平肝潜阳、清肝明目功能，用于头痛眩晕、目赤翳障、视物昏花、青盲雀目。

◆ **成分和药理**

石决明主要含碳酸钙等，具有保肝、调节循环系统等作用。

◆ 用法和禁忌

石决明功善平肝阳、清肝热、滋肝阴,标本兼顾,为镇肝、凉肝之要药,对肝肾阴虚、肝阳上亢之眩晕及头痛尤为适宜。治疗肝肾阴虚、肝阳眩晕,常与生地黄、白芍、牡蛎等养阴、平肝药物配伍;治疗肝阳上亢并肝火亢盛头晕头痛、烦躁易怒,可与羚羊角、夏枯草、钩藤等清热平肝药物同用;治疗肝火上炎目赤肿痛,可与夏枯草、决明子、菊花等清肝明目药配伍;治疗肝经风热之目赤畏光、翳膜遮睛,可与蝉蜕、菊花、木贼等清肝热、疏风明目药配伍。平肝、清肝宜生用,外用点眼宜煅用、水飞。煎服用量 6～20 克,打碎先煎。脾胃虚寒、食少便溏者忌用。

珍珠母

珍珠母是蚌科动物三角帆蚌、褶纹冠蚌或珍珠贝科动物马氏珍珠贝的壳。又称珠牡丹、珠母、蚌壳。平肝抑阳药。始载于《本草图经》。

◆ 产地和分布

三角帆蚌、褶纹冠蚌在中国的江河湖沼中均产;马氏珍珠贝主产于中国海南岛、广东、广西沿海。全年可采,去肉,洗净,干燥。商品药材主要来自野生。

◆ 性状

三角帆蚌略呈不等边四角形。壳面生长轮呈同心环状排列。后背缘向上突起,形成大的三角形帆状后翼。壳内面外套痕明显;前闭壳肌痕呈卵圆形,后闭壳肌痕略呈三角形。左右壳均具两枚拟主齿,左壳具两枚长条形侧齿,右壳具一枚长条形侧齿,具光泽。质坚硬。气微腥,味淡。

　　褶纹冠蚌呈不等边三角形。后背缘向上伸展成大型的冠。壳内面外套痕略明显；前闭壳肌痕大呈楔形，后闭壳肌痕呈不规则卵圆形，在后侧齿下方有与壳面相应的纵肋和凹沟。左、右壳均具一枚短而略粗后侧齿和一枚细弱的前侧齿，均无拟主齿。

　　马氏珍珠贝呈斜四方形，后耳大，前耳小，背缘平直，腹缘圆，生长线极细密，成片状。闭壳肌痕大，长圆形。具一凸起的长形主齿。

◆ **药性和功用**

　　珍珠母味咸，性寒，归肝、心经。具有平肝潜阳、安神定惊、明目退翳功能，用于头痛眩晕、惊悸失眠、目赤翳障、视物昏花。

◆ **成分和药理**

　　珍珠母主要含有碳酸钙、蛋白质、氨基酸等，具有延缓衰老、修复眼组织、抗消化系统溃疡、抗肿瘤、促进创伤愈合、淡化皮肤黑色素等作用。

◆ **用法和禁忌**

　　珍珠母与石决明同样具有平肝潜阳、清泻肝火作用，二者常相须为用，用于肝阳上亢、头晕目眩。治疗肝阳眩晕、头痛耳鸣，可配伍牡蛎、白芍、磁石等药；治疗肝阳上亢并有肝热烦躁易怒者，常配伍钩藤、菊花、夏枯草。珍珠母还有清肝明目作用，治疗肝热目赤，常

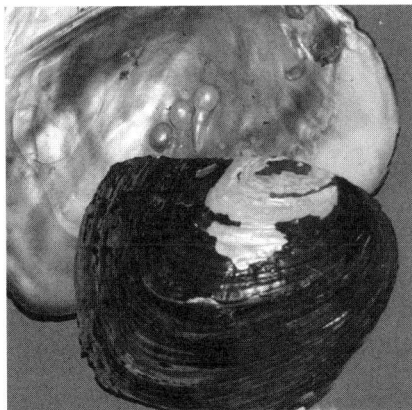

三角帆蚌的壳

与石决明、菊花、车前子等药配伍；治疗肝虚目暗、视物昏花，常与枸杞子、女贞子、黑芝麻等药配伍；与苍术、猪肝或鸡肝同煮服用，可治夜盲雀目。珍珠母还有镇心安神作用，与朱砂、龙骨、琥珀等药配伍可治心悸失眠、心神不宁；治疗癫痫、惊风抽搐，则与天麻、钩藤、天南星等配伍。煎服用量10～25克，宜打碎先煎，或入丸散剂；外用适量。脾胃虚寒者慎服。

青　黛

青黛是爵床科植物马蓝、蓼科植物蓼蓝或十字花科植物菘蓝的叶或茎叶经加工制得的干燥粉末、团块或颗粒。又称靛花。清热解毒药。始载于《药性论》。

◆ 产地和分布

青黛产于中国福建、广东、江苏等地，以福建所产品质最优，称"建青黛"。秋季采收植物的落叶，加水浸泡，至叶腐烂，叶落脱皮时，捞去落叶，加适量石灰乳，充分搅拌至浸液由乌绿色转为深红色时，捞取液面泡沫，晒干而成。商品药材主要来自栽培。

◆ 性状

青黛为深蓝色的粉末，体轻，易飞扬；或呈不规则多孔性的团块、颗粒，用手搓捻即成细末。微有草腥气，味淡。

◆ 药性和功用

青黛味咸，性寒，归肝经。具有清热解毒、凉血消斑、泻火定惊功能，用于温毒发斑、血热吐衄、胸痛咳血、口疮、疟腮、喉痹、小儿惊痫。

◆ **成分和药理**

青黛主要含吲哚类生物碱（靛玉红、靛蓝等）、有机酸（水杨酸等）、苷类（菘蓝苷等）、无机元素等，具有抗菌、抗炎、镇痛、抗癌、护肝等作用。

◆ **用法和禁忌**

青黛与大青叶相似的清热解毒、凉血消斑之力，但解热作用较逊，故多用治温毒发斑，与生石膏、生地黄、栀子等药同用；治血热妄行的吐血、衄血，常与生地黄、白茅根等凉血止血药同用。青黛还有清热解毒、凉血消肿之效，治热毒炽盛、咽喉肿痛、喉痹者，常与板蓝根、甘草同用；治口舌生疮，多与冰片同用，撒敷患处；治火毒疮疡、痄腮肿痛，可与寒水石共研为末，外敷患处。青黛可清肝火，又可泻肺热，且能凉血止血。治肝火犯肺、咳嗽胸痛、痰中带血，常与海蛤粉同用。治肺热咳嗽、痰黄而稠，可配海浮石、瓜蒌仁、川贝母等同用。青黛还长于清肝经实火，有息风止痉之功。治小儿惊风抽搐，多

蓼蓝

与钩藤、牛黄等同用；治暑热惊痫，常与甘草、滑石同用。煎服用量 1 ～ 3 克，因难溶于水，宜入丸剂服用；外用适量。性寒，故胃寒者忌服。

磁　石

磁石是氧化物类矿物尖晶石族磁铁矿，主含四氧化三铁（Fe_3O_4），晶体结构属等轴晶系。称玄石、磁君。安神药。又始载于《神农本草经》。

◆ **产地和分布**

磁石在中国分布广泛，商品药材主产于江苏、辽宁、安徽、广东。采后除去杂石，选择吸铁能力强者入药。

◆ **性状**

磁石为块状集合体，呈不规则块状或略带方形，多具棱角，大小不一。表面灰黑色或棕褐色，条痕黑色，具金属光泽或覆有少许棕色粉末而无光泽。体重，质坚硬，断面不整齐。具磁性。有土腥气，味淡。

◆ **药性和功用**

磁石味咸，性寒，归肝、心、肾经。具有镇惊安神、平肝潜阳、聪耳明目、纳气平喘功能，用于惊悸失眠、头晕目眩、视物昏花、耳鸣耳聋、肾虚气喘。

◆ **成分和药理**

磁石主要含四氧化三铁（Fe_3O_4），具有止血凝血、镇静、抗惊厥等作用。

◆ **用法和禁忌**

磁石治疗肝火上炎、肾虚肝旺、扰动心神，或惊恐气乱、神不守舍所致的心神不宁、惊悸、失眠及癫痫，常与朱砂、神曲同用；治疗肝阳上亢之头晕目眩、急躁易怒，常与石决明、珍珠母、牡蛎等平肝潜阳药同用；治疗肾虚耳鸣、耳聋，多与熟地黄、山茱萸、山药等滋肾药配伍；治疗肝肾不足、目暗不明、视物昏花，多与枸杞子、女贞子、菊花等补肝肾、明目药配伍；治疗高血压，常与钩藤、夏枯草等配伍。

煎服用量 9 ～ 30 克，打碎先煎，入丸散剂每次 1 ～ 3 克。矿石类药物服后不易消化，脾胃虚弱者慎服。磁石粉尘对肺部及呼吸道有损害，并可影响儿童体重增长。

瓦楞子

瓦楞子是蚶科动物毛蚶、泥蚶或魁蚶的壳。又称蚶子壳、毛蛤、瓦垅。清热化痰药。始载于《名医别录》。

◆ 产地和分布

瓦楞子产于中国山东、浙江、福建等地沿海。秋、冬至次年春捕捞，洗净，置沸水中略煮，去肉，干燥。商品药材主要来自野生或者养殖。

◆ 性状

毛蚶略呈三角形或扇形，长 4～5 厘米，高 3～4 厘米。壳外面隆起，有棕褐色茸毛或已脱落；壳顶突出，向内卷曲；自壳顶至腹面有延伸的放射肋 30～34 条。壳内面平滑，白色，壳缘有与壳外面直楞相对应的凹陷，铰合部具小齿 1 列。质坚。气微，味淡。泥蚶长 2.5～4 厘米，高 2～3 厘米。壳外面无棕褐色茸毛，放射肋 18～21 条，肋上有颗粒状突起。魁蚶长 7～9 厘米，高 6～8 厘米。壳外面放射肋 42～48 条。

◆ 药性和功用

瓦楞子味咸，性平，归肺、胃、肝经。具有消痰化瘀、软坚散结、制酸止痛功能，用于顽痰胶结黏稠难咯、瘿瘤、瘰疬、癥瘕痞块、胃痛泛酸。

◆ 成分和药理

瓦楞子主含碳酸钙，还含有氨基酸、磷酸钙、镁、铁等，具有中和胃酸、缓和胃痛、抑制幽门螺旋杆菌、保肝、降血糖、降血脂等作用。

◆ **用法和禁忌**

瓦楞子性平偏凉，能清肺热，与竹沥、瓜蒌、黄芩等配伍，用于治疗顽痰胶结、咳嗽痰稠、质黏难咯。瓦楞子既能消痰软坚，又能化瘀除癥，常与海藻、昆布、蛤壳等配伍治疗瘿瘤，与贝母、夏枯草、连翘等配伍治疗瘰疬。单用醋淬为丸服，可治气滞血瘀所致的癥瘕痞块。煅用可制酸止痛，常与枯矾、珍珠粉、仙鹤草等配伍，用于胃脘疼痛、呕恶泛酸。煎服用量 6 ～ 15 克。

海 藻

海藻是马尾藻科植物海蒿子或羊栖菜的干燥藻体。前者习称"大叶海藻"，后者习称"小叶海藻"。又称大叶藻、大蒿子、海根菜等。清热化痰药。始载于《神农本草经》。

◆ **产地和分布**

海藻主产于中国辽宁、山东、福建等沿海地区。生长在低潮线以下的浅海区域——海洋与陆地交接的地方。夏、秋二季采捞，除去杂质，洗净，晒干。商品药材主要来自野生。

◆ **性状**

大叶海藻皱缩卷曲，黑褐色，有的被白霜，长 30 ～ 60 厘米。主干呈圆柱状，具圆锥形突起，主枝自主干两侧生出，侧枝自主枝叶腋生出，具短小的刺状突起。初生叶披针形或倒卵形，长 5 ～ 7 厘米，宽约 1 厘米，全缘或具粗锯齿；次生叶条形或披针形，叶腋间有着生条状叶的小枝。气囊黑褐色，球形或卵圆形，有的有柄，顶端钝圆，有的具细短尖。质脆，潮润时柔软；水浸后膨胀，肉质，黏滑。气腥，味微咸。小叶海藻较小，长 15 ～ 40 厘米。分枝互生，无刺状突起。叶条形或细匙形，先端稍膨大，中空。气囊腋生，纺锤形或球形，囊柄较长。质较硬。

◆ **药性和功用**

海藻味苦、咸，性寒，归肝、胃、肾经。具有消痰软坚散结、利水消肿功能，用于瘿瘤、瘰疬、睾丸肿痛、痰饮水肿等。

◆ **成分和药理**

海藻含有羊栖菜多糖 A、马尾藻多糖、维生素、氨基酸、无机元素、脂类、酚类、萜类、生物碱、类胡萝卜素等，具有预防和纠正缺碘引起的地方性甲状腺功能不足、抗凝血、抗高血压、抗氧化、抗病毒、抗肿瘤、抗增殖、调节免疫机能、降低血胆固醇、抑制流感病毒、抗幽门螺旋杆菌、抗肿瘤活性等作用。

◆ **用法和禁忌**

海藻味咸能软坚散结，苦寒能泄热消痰，为治疗瘿瘤、瘰疬、睾丸肿痛之常用药物。常与浙贝母、昆布、夏枯草等配伍，用于治瘿瘤初起，或肿或硬但未破溃者。与夏枯草、玄参、牡蛎等配伍，用于治瘰疬、皮下结节不热不痛者。与橘核、川楝子、延胡索等配伍，用于治疗睾丸肿胀偏坠、痛引脐腹者。海藻还有利水消肿之功，可用于痰饮水肿、小便不利，因其力弱，须配伍淡渗利湿药同用，以增疗效。煎服用量 6 ～ 12 克。不宜与甘草同用。

礞 石

礞石是变质岩类黑云片岩或绿泥石化云母碳酸盐片岩，以及云母片岩的风化物，前者习称青礞石，后者习称金礞石。又称酥酥石、烂石。清热化痰药。始载于《嘉祐本草》。

◆ 产地和分布

礞石在中国凡有云母矿山处均产，主产于浙江、湖南、湖北、河南、河北、四川等地，但以四川产者为佳。采挖后，除去杂石和泥沙。商品药材来自人工开采。

◆ 性状

青礞石为绿泥石片岩的岩石，呈不规则扁斜块状或斜棱状的小块体，大小不一。呈灰色或灰绿色，微带珍珠样光泽。体重、质软、易碎。断面层片状，可见闪闪发光的星点。无臭、味淡。微溶于盐酸，而使酸液呈黄色，在浓硫酸中部分溶解。金礞石为云母片岩的岩石，呈不规则的块状或碎粒状。全体呈棕黄色，带有耀眼的金黄色光泽。质脆、易碎。气微味淡。

◆ 药性和功用

礞石味甘咸，性平，归肺、心、肝经。具有坠痰下气、平肝镇惊功能，用于顽痰胶结、咳逆喘急、癫痫发狂、烦躁胸闷、惊风抽搐等。

◆ 成分和药理

青礞石中硅、铁、钠、钾、铝、镁、钙等含量较高，金礞石主要含有蛭石、黑云母和石英等，具有泻下、化痰等作用。礞石中均含有铅、铬、钡、锶和锰等有害元素，用时须注意。

◆ **用法和禁忌**

礞石质重坠降，味咸软坚，善治顽痰胶固之症，长于下气坠痰，且可平肝定惊。凡实热痰积、内结不化、壅塞胶固所致的咳喘气逆、痰稠、癫狂、惊痫等症，且见大便秘结、苔黄厚而腻、脉滑有力者，可以礞石为主，辅以泻火通便降逆之大黄、黄芩、沉香等。礞石配伍健脾行气消积之白术、木香、枳实等药，可治食积成痰、胃实眩晕者；与赤石脂配伍，可治疗诸积癖块、攻刺心腹、下利赤白、妇人崩中漏下、一切虚冷及久积久痢、虚冷滑泄。礞石既能攻消痰积，又能平肝镇惊，为治惊痫之良药。以煅礞石为末，用薄荷汁和白蜜调服，可治热痰壅塞引起的惊风抽搐。若痰积惊痫、大便秘结者，可用礞石滚痰丸以逐痰降火定惊；礞石滚痰丸也可用于治疗癫痫及精神分裂症，对控制发作及减缓狂躁症状有效。煎服用量 15 ～ 25 克，或入丸、散剂。脾胃气弱血虚者及孕妇忌服。

浮海石

浮海石是胞孔科动物脊突苔虫、瘤苔虫的干燥骨骼。又称石花、浮石等。清热化痰药。始载于《日华子本草》。

◆ **产地和分布**

脊突苔虫和瘤苔虫常附着于海藻、贝壳、珊瑚岩礁上，或水螅虫小枝及多毛类的栖管上，在中国山东半岛、江苏、浙江、福建、广东、海南，以及西沙、中沙、南沙海域水深 0 ～ 150 米处均有分布。夏、秋季自海中捞出，用清水漂洗，除去盐质及泥沙，晒干。商品药材来源于野生。

◆ **性状**

浮海石呈珊瑚样不规则的块状，略呈扁圆形或长圆形，大小不一，基部略平坦。灰白色或灰黄色，有多数细小孔道。质地硬脆，易砸碎，断面粗糙，有多数细小孔道。体轻，投入水中，浮而不沉。气微腥，味微咸。以个整、体轻、灰白色、细花（分枝细）如球者为佳。

◆ **药性和功用**

浮海石味咸，性寒，归肺、肾经。具有清肺化痰、软坚散结、通淋的功效，用于肺热咳嗽、痰稠、瘰疬。

◆ **成分和药理**

浮海石主要含碳酸钙，并含少量镁、铁、酸不溶物、氯等，具有促进尿液分泌等作用。

◆ **用法和禁忌**

浮海石配伍胆南星，其清热化痰之功效更著，可治疗痰热壅肺之烦热口渴、气喘胸闷、咳痰黄稠、咯之不爽者，以及痰热蒙蔽清窍之神昏痉厥、惊痫抽搐等症。浮海石配伍滑石，可治疗小便困难、淋漓不尽、癃闭，或砂淋、石淋之小便不畅、尿道疼痛等。浮海石配伍旋覆花，可用于治疗痰热咳嗽、痰稠咳吐不爽、胸闷不舒等症。煎服用量10～16克。虚寒咳嗽不宜。

归　经

归经是在脏腑经络理论的指导下，中药对某些脏腑经络具有选择性作用。归，药物作用的定位；经，脏腑经络的总称，归经表示中药对人体的作用部位、作用范围等。中药药性理论的基本内容之一。

《周礼》《黄帝内经》《神农本草经》等书中关于五味作用的定向定位的记载，可视为归经理论的起源。东汉《伤寒论》的六经辨证学说为归经理论的形成奠定了基础。唐朝《本草拾遗》和宋朝《本草衍义》的药物定向定位论述构成了归经理论的雏形。金朝《珍珠囊》和元朝《汤液本草》确定了归经理论为药性的主要内容。清朝《要药分剂》和《得配本草》正式确定"归经"名称，并总结了十二经脉及奇经八脉的归经药，使归经理论基本完善。

归经理论是在中医基本理论指导下，以脏腑经络学说为基础，以药物所治的具体病症为依据总结出的用药规律。发病所在的脏腑经络不同，临床表现则不同。如心经病变多见惊悸多梦，肺经病变常见咳嗽痰多，肾经病变常见腰膝酸软等。临床用酸枣仁、柏子仁来治疗虚烦不眠、心悸多梦，说明其归心经；用苦杏仁、紫苏子来治疗咳嗽气喘、胸满痰多，说明其归肺经；用淫羊藿、巴戟天来补肾阳、强筋骨，说明其归肾经。某些药物一药归数经，如人参归脾、肺、心、肾经，可大补元气、复脉固脱、补脾益肺、生津养血、安神益智，说明其作用范围广；有些药物同归一经，如麻黄、桂枝同属肺、膀胱经，可相须而用来治疗外感风寒、表实无汗者。此外，药物自身特性不同，其所属经络也有差异。如苦入心，远志苦辛性温，能宁心安神；咸入肾，磁石味咸，有益肾之功。

　　归经理论的产生和发展完善了药性理论，加深了对药性的认识，解决了药物定向定位的问题，增强了辨证用药的针对性。同时，归经理论把脏腑经络的生理病理变化与药物作用的位置紧密联系起来，加深了对中药作用机制的认识。

第4章

盐洲岛

盐洲岛是中国广东惠州市红海湾考洲洋内有居民的岛。又称大洲岛。

岛屿面积约 3.3 平方千米，曾经是广东省惠州市唯一的海岛镇——盐洲镇所在地，2008 年并入惠东县黄埠镇。岛屿所在海湾位置封闭好，因历史上晒盐而得名。盐洲的历史悠久，自明万历（1573～1620）年间起，沿海一带的渔民便陆续在岛上定居，并在岛上从事晒盐、农耕和渔业。岛屿四周滩涂资源丰富，多有红树林和养殖鱼塘，曾四面环海，东南距陆地 0.35 千米，进出岛屿主要靠轮渡。2013 年建成的跨考洲洋大桥——盐洲大桥，改善了岛上的交通，为海岛旅游业发展提供了支撑。

第 5 章

盐岭

  盐岭是位于巴基斯坦博德瓦尔高原南部，介于杰赫勒姆河和印度河之间的山地。因大量岩盐沉积而得名。

  长 240 千米，宽 8～30 千米，平均海拔 670 米，最高峰为西端的萨克萨尔峰，海拔 1522 米。东北—西南走向。由两条不对称的平行山脉组成，中间为宽 8～16 千米的山谷地带，有不少浅盆地和盐湖。两条山脉都是南坡陡峻，北坡平缓。从构造来看，盐岭位于印度地台西北部，是沿其南部断裂带抬升的地块，岩层向北倾斜，中部岩层倾角约为 10°，西部、东部和北部达 45°。盐岭南部出露的前寒武纪沉积层是含盐岩层，厚度大多数超过 500 米。其下为泥灰岩、石膏和沥青泥质板岩。属热带和亚热带大陆性干燥气候。植被有非洲 - 阿拉伯型及地中海型两种。地区南部曾覆盖着稀疏的旱生林等天然植被，北部则主要是稀树草原。现仅在东南部保存一小片稀疏林，树种主要是洋槐、松、橄榄等。盐岭南坡有巴基斯坦最大的盐矿，是世界上丰富的盐田之一。岩盐、煤和石灰岩是该地区最重要的矿产。西部曾发现含油的灰岩和砂岩沉积层。杰赫勒姆是该地区唯一的居民中心，其他小城镇大多数为矿山经济服务。

第 6 章

盐湖

盐湖为干旱地区含盐度很高的湖泊，水体矿化度大于 35 克 / 升。

按盐湖卤水水化学成分分类可分为碳酸盐类型、硫酸盐类型和氯化物类型。盐湖富集有多种盐类，是重要的矿产资源，含盐类矿物多达 200 种，同时盐湖也是干旱区重要的特异生物资源和耐旱、耐盐碱基因资源库。

盐湖是干旱或半干旱的气候条件下，湖泊发展到老年期的产物。封闭或半封闭的湖盆使流域内的径流向湖盆底部汇聚，径流携带盐分不断从流域内向湖泊输送。在强烈的蒸发作用下，湖水不断浓缩，使水中各元素达到饱和或过饱和状态，在物理化学等作用下形成不同盐类沉积矿物并堆积在湖底，长时间就形成了富含各类盐类矿床的盐湖。由于各种盐类的溶解度不同，因而呈现出一定的沉淀顺序，各种盐类沉积物有明显的环带状分布规律。例如在昆仑山北麓的一些盐湖地区，靠近山区的地段为硼盐带，近湖地段为芒硝带，湖内则沉积有食盐和光卤石。盐湖是干旱造就的一种奇特景观，由于盐分中离子和结晶等对光线的折射、反射和吸收造成了五彩缤纷的湖水盐，而高盐度的湖水中由于大量繁殖不同颜色的盐藻，使得湖水呈现红、黄等不同颜色。另外，由海湾演变而成的盐湖，称为海成盐湖。死海是世界上最深的盐湖，也是地球上盐分居第三位的水体，含盐量超过 300 克 / 升。中国的盐湖也主要分布于干旱、半干旱的内陆地区。中国四大盐湖分别为青海茶卡盐湖、青海察尔汗盐湖、山西运城盐湖和新疆艾比湖。它们都位于河流的末端，湖水损耗主要通过湖面蒸发。

第 7 章

咸水湖

咸水湖是水体含盐量在 1 ～ 35 克 / 升的湖泊。

咸水湖的形成原因主要有两种：一种是内陆河流的终点，由于这些湖泊都处于内陆地区，湖泊无出水通道，而且因气候干燥，蒸发量大，经流域径流携带入湖的矿物质在湖泊中被浓缩，湖水含盐量便愈来愈高，湖水咸化，成为咸水湖，故多形成于干燥的内流区，中国境内的咸水湖有青海湖、赛里木湖、纳木错等。另一种是古代海洋的遗迹，比如里海是海迹湖，是古地中海遗留在内陆的水域。另外，如巴尔喀什湖，由于湖泊形状狭长，并且中间被向北突出的半岛阻挡，使得东西两部分的湖水交流不畅，导致西半部是淡水，而东半部是咸水。

咸水湖地理分布范围广，规模级差大，面积最大的是里海，370000平方千米，里海南北长约 1200 千米，是世界最长及唯一长度在千公里以上的湖泊，大小与中国渤海和黄海两者总面积相当，规模是全世界湖泊总面积的 14%。世界最深的咸水湖是伊塞克湖，最大水深 668 米，面积 6230 平方千米，它们都位于亚洲内陆地区。中国的咸水湖也主要分布在西部内陆地区，且在数量上也多于淡水湖。其中最大、最著名的是青海湖，位于青海省东北部的共和盆地内，是中国面积最大的内陆湖泊，湖泊面积约 4300 平方千米，最深处达 38 米，湖水位海拔 3196 米；最深的咸水湖泊为赛里木湖，最深 99 米，面积 450 平方千米，湖水位高程 2071 米。它们都位于河流的末端，湖水损耗主要通过湖面蒸发，没有出水口。

第 **8** 章

盐生植物

　　盐生植物是生活在氯化钠含量较高生境中的植物。

　　盐生植物主要生活在内陆湖滨、盐沼、盐渍草甸、盐土荒漠、海滩以及咸水湖、海水水中。据统计，全世界有 5000 ~ 6000 种盐生植物，中国有 66 科，199 属，400 余种，而且大多数为被子植物。主要盐生植物多属于藜科、白花丹科、柽柳科、蒺藜科、番杏科、马齿苋科和红树科。菊科、十字花科、莎草科、禾本科等科中也有。由于土壤中含盐量高，土壤溶液的浓度大，容易造成生理性干旱。所以，盐生植物大多具有旱生植物的特点，如植物体矮小、叶小或退化、肉质化，有特殊的储水细胞，气孔下陷，具有白色绒毛，渗透压高等。

　　盐生植物从其生态类型上可以分为旱生盐生植物、中生盐生植物、湿生盐生植物和沉水型盐生植物 4 种类型，其中沉水型的盐生植物种类比较少。通常根据盐生植物对过量盐类的适应特点的不同，即生理类型可将它们分为 3 类：①聚盐性植物。这类植物的茎、叶常肉质化，多生长于中度（含盐 1% ~ 2%）和重度（含盐 2% ~ 3%）的盐渍土与盐土（含盐 2% ~ 3%）中，能从土壤吸收大量的可溶性盐类，并把这些盐类积聚在体内，植物体本身并不会受到伤害。这类植物也称之为真盐生植物，多见于藜科植物，如碱蓬、盐角草等。②泌盐性植物。这些植物常具盐腺或盐泡囊，多生长于轻度（含盐 0.5% ~ 1%）至重度盐渍土中，部分种类也能生长于盐土中。它们将可溶性盐类吸收到体内，但这些盐类并不在体内积累，而是通过盐腺排出体外。有时也将这些植物称为耐盐植物，如柽柳、补血草、芦苇等。③不透盐性植物。这类植物一般生长在盐渍化程度比较轻的土壤中，它们的根部细胞对盐的透性很小，几乎不吸收或很少吸收土壤中的盐类。这些植物有时也称为抗盐植物、拒盐植物、假盐生植物、避盐盐生植物，如盐地紫菀、盐地风毛菊等。

在热带河海交界处，尤其是潮间带地区生长的红树林也是一类著名的盐生植物，它们生长在风浪比较平静、淤泥深厚的海湾或河口高潮线以下的海滩。红树对这种特殊的生境有着特殊的适应方式，如叶片革质光亮，有胎生现象，有板根、支柱根和呼吸根等。红树林具有极其重要的生态价值，它为鱼、虾、水禽、候鸟等提供栖息和觅食场所。在中国海滩上常见的盐生植物还有南方碱蓬、海马齿、二叶红薯等。

盐生植物具有重要的经济价值，其中有些可以食用，有些可以用作饲料，有的可药用，有的为工业用，特别是它们在保护生态环境方面有重要作用。

胡 杨

胡杨是双子叶植物纲金虎尾目杨柳科杨属的一种。又称胡桐。

胡杨适应内陆地区干旱气候，是中国西北荒漠地区广泛分布的树种。寿龄 200 年以上。

◆ **分布范围**

胡杨原产于中亚、中东、北非及中国西北部。在世界上，胡杨的主要分布区在中亚、西亚以及北非。中国西北部干旱荒漠地区有分布，主要在新疆、甘肃、青海、内蒙古（西北部）等省区，其中胡杨天然林主要集中在南疆塔里木盆地。

◆ **形态特征**

乔木，高 10 ～ 15 米，稀灌木状。树皮淡灰褐色，下部条裂；萌枝细，圆形。芽椭圆形，光滑，褐色，长约 7 毫米。苗期和萌枝叶披针形或线状披针形，全缘或不规则的疏波状齿牙缘；成年树小枝泥黄色，枝内富含盐分，嘴咬有咸味。叶形多变化，卵圆形、卵圆状披针形、三角状卵

胡杨

圆形或肾形，先端有粗齿牙，基部楔形、阔楔形、圆形或截形，有 2 腺点；叶两面同色；叶柄微扁，约与叶片等长，萌枝叶柄极短，长仅 1 厘米。雄花序长 2 ～ 3 厘米，轴有短绒毛，雄蕊 15 ～ 25，花药紫红色，花盘膜质，边缘有不规则牙齿；苞片略呈菱形，长约 3 毫米，上部有疏牙齿；雌花序长约 2.5 厘米，子房长卵形，被短绒毛或无毛，子房柄约与子房等长，柱头 3，2 浅裂，鲜红或淡黄绿色。果序长达 9 厘米，蒴果长卵圆形，长 10 ～ 12 毫米，2 ～ 3 瓣裂。花期 5 月，果期 7 ～ 8 月。

◆ **生态习性**

胡杨是生长在荒漠地区的长寿树种,对干旱气候有很强的适应性,其习性主要包括:①喜光。胡杨是荒漠河滩裸地上成林的先锋树种,幼树在郁闭的林下生长不良。②喜温耐寒耐高温。胡杨分布范围的年平均气温在 5 ~ 13℃,可耐受 -35℃ 的极端低温和 40℃ 的极端高温,能够适应 ≥ 10℃ 年积温在 2000 ~ 4500℃ 的温带荒漠气候,在年积温 4000℃ 以上的暖温带生长最为旺盛。③耐盐碱。胡杨是一种泌盐植物,植株含盐量很高;在土壤含盐量在 2% 以下时胡杨能正常生长,2% ~ 3.5% 时生长较好,3.5% ~ 5% 时生长受到抑制。④喜湿润、耐大气干旱。胡杨侧根发达,主要依靠侧根吸收土壤水分;叶厚,革质,表面有蜡质覆盖,小枝具蜡质且有短毛,这些性状有利于减少植株水分的散失。⑤耐风沙、耐腐蚀。胡杨的侧根发达而庞大,加之树干短粗,树冠稀疏,不容易被风吹倒;胡杨树皮较厚,木材耐腐蚀能力强,因此在新疆有着胡杨"千年不死,死后千年不倒,倒后千年不朽"的说法。

◆ **培育技术**

胡杨主要靠种子繁殖,扦插繁殖较难。胡杨林在塔里木河流域分布最为集中,但是调查发现,胡杨林的面积和蓄积量都有很大程度的减少。造成胡杨林衰退的主要原因是人为活动影响,包括毁林开荒、畜牧业生产、用材或薪炭砍伐,以及引水灌溉造成的河道断流等。

◆ **主要用途**

胡杨主要作为防护林、用材林树种。胡杨的木质坚硬耐腐,可用作建筑和家具用材；树叶富含蛋白质，营养丰富，可做饲料使用；木材纤维长，是优良的造纸原料。

新疆杨

新疆杨是双子叶植物纲金虎尾目杨柳科杨属银白杨种的一个亚种。

◆ 名称来源

新疆杨是银白杨的一个天然变种，仅有雄株。是外来引进的一种窄冠型杨树，由于最初引入中国新疆，且在新疆栽培最广，故名新疆杨。作为绿化树种，在中国北方各省区尤其是新疆广泛栽培。寿龄在 50 年左右。

◆ 分布范围

新疆杨原产于中亚。在中国东北、华北、西北及西藏自治区均有栽培，其中以新疆栽培最早，分布也最为普遍。

新疆杨

◆ 形态特征

新疆杨为乔木。树冠窄圆柱形或尖塔形。树皮灰白或青灰色，光滑少裂。小枝初被白色绒毛圆筒形，灰绿或淡褐色。萌条和长枝叶掌状深裂，基部平截，长 8.5～15 厘米，初时两面被白绒毛；短枝叶较小，长 4～8 厘米，宽 3～6 厘米，边缘有几乎对称的粗齿；背面绿色，几乎无毛；

叶柄略侧扁，被白绒毛。

◆ 生态习性

新疆杨喜温、喜水肥、耐盐、耐大气干旱。可耐受极端高温42℃、极端低温-24℃，平均年降水量60毫米、蒸发量2700毫米的极端环境。在年平均气温11.3～11.7℃（≥10℃，年积温3965～4298℃）、相对湿度49%～57%的气候条件下，生长良好。新疆杨的耐盐碱性较强，在灌溉的盐土上，可忍受1.6%的土壤含盐量。

◆ 主要用途

新疆杨可作防护林、园林绿化树种。新疆杨被广泛用作防护、绿化和水土保持，在中国北方各省区大量栽培。

火炬树

火炬树是漆树科盐肤木属的一种。别称火炬漆、鹿角漆、加拿大盐肤木。原产于北美洲。中心分布区来自加拿大东南部的魁北克省和安大略省，向南延伸至美国的印第安纳州和艾奥瓦州及佐治亚州（北纬40°～47°）。

◆ 在中国的分布

火炬树于1959年引入中国，1974年后在中国推广种植，以黄河流域以北各省栽培较多。中国最佳适生区主要分布在北京、天津、甘肃西南部、陕西北部、山西局部、山东北部、内蒙古局部和辽宁西南部，常在开阔的砂土或砾质土上生长。

◆ **形态特征**

火炬树是落叶小乔木或灌木，主干高达 6 ～ 10 米，分枝少，小枝粗壮茂密，密生绒毛。奇数羽状复叶，互生，小叶 19 ～ 23 枚，叶片卵状披针形或披针形，长 5 ～ 130 毫米。叶缘有锯齿，先端长渐尖，基部圆形或阔楔形，表面深绿色，背面有白粉，叶轴无翅。雌雄异株，顶生直立圆锥花序，密生绒毛，花小，淡绿色。雌花花柱具红色刺毛，种穗深红色，呈火炬形，种子扁圆。花期为 6 ～ 7 月，果实 8 ～ 9 月成熟。核果，果实深红色，有密毛。

◆ **生活习性**

火炬树是一般 4 年生开花结果，生命周期 30 年左右。寿命短，喜光，适应性强，抗寒、抗旱、耐盐碱，抗风沙、抗病虫害能力强、不耐水湿，叶片宽大，水平侧根发达且萌蘖力极强，喜温暖、湿润气候，对土壤要求不严，生长迅速，林带恢复快。

◆ **培育技术**

火炬树可采用播种育苗、根段扦插、根蘖繁殖、埋根育苗方式。其树皮松软，受伤后易流树脂，造成水分、养分散失，影响成活率，因此栽植时需对枝条进行强修剪，以保持树势平衡。常见病虫害主要有棉铃虫、缀叶丛螟、大造桥虫、云斑天牛和白粉病等。

◆ **用途**

火炬树雌花序、果序均亮红似火炬，夏秋之际缀立于梢头，入秋后叶色转红，是极富观赏价值的园林绿化景观树种，在华北地区，是理想的水土保持、改善生态环境的造林树种。

柽　柳

柽柳是柽柳科柽柳属树种。喜光、耐旱、耐水湿、耐盐碱、不耐遮阴，是重要薪炭材、防风固沙、盐碱地治理的树种。

◆ 分布地区

柽柳喜生于河流冲积平原、海滨、滩头、潮湿盐碱地和沙荒地。中国适生分布区为海河流域、黄河中下游及淮河流域的平原、沙丘间地和盐碱化地，在华北至西北地区集中带状分布。

◆ 形态特征

柽柳为落叶小乔木或灌木。幼枝常开展而下垂。叶披针形，半贴生，背面有龙骨状突起。一年三季开花，花期4～9月。蒴果圆锥形，种子细小，顶端有束毛。

◆ 培育技术

柽柳的繁殖方式主要为播种育苗和扦插育苗。播种育苗采用带有引水沟的平床育苗，种子宜随采随播，采用落水播种法，春、夏、秋播均可；扦插育苗常采用硬枝平床扦插法，春季扦插，插后压紧，保持床面湿润。

常用的整地方式有带状、块状、穴状和反坡梯田整地，深度为30～50厘米。可用植苗、插条造林，但以植苗造林为主。春、夏、秋三季均可造林，夏季造林应重修剪或平茬。造林时应随起苗随栽植，保持苗根湿润。穴植、沟植是植苗造林的主要方式。人工植苗一般采用穴植法，穴深 50 ～ 80 厘米；机械化植苗常采用沟植法，栽植沟深 0.6 ～ 1 米，宽 30 ～ 50 厘米。插条造林常用于盐质或沙质的河滩阶地，选用粗 0.6 厘米以上的一年生枝条，截成长 30 厘米左右的插穗。春季扦插，行距 1 ～ 1.5 米，株距 20 ～ 30 厘米。插后及时灌水，发芽前 7 ～ 10 天灌水一次，发芽后可适当延长灌水时间。

◆ 用途

柽柳是重要的防风固沙、水土保持、盐碱地治理、薪炭林造林树种；是较好的抗污染树种，对大气二氧化硫、铅及氯污染有较强抗性。柽柳宜栽植、耐修剪，可做绿篱、盆景、造景用。根是管花肉苁蓉的专性寄主。树皮可提制栲胶。萌条枝可编制工具。枝叶、花均可入药。

榆　树

榆树为榆科榆属落叶乔木。

◆ 分布

榆树主产于北温带，在北美洲南至墨西哥，在亚洲南至喜马拉雅地区。在中国跨北纬 32° ～ 51°40′，东经 75° ～ 132°2′，一般分布于海拔 1500 米以下的平原、山坡、山谷、川地、丘陵及沙岗等处。

◆ 分类

全世界有 40 余种榆树，中国有 25 种、4 个变种。如北方有白榆、榔榆（小叶榆）、裂叶榆、兴山榆、大果榆（黄榆）、脱皮榆、旱榆（灰榆）、黑榆（东北黑榆）、春榆、圆冠榆等；南方有台湾榆、多脉榆、长穗榆、杭州榆等；西南有昆明榆、小果榆等。在榆属植物中以白榆在造林上最为重要。

◆ **形态特征**

榆树为落叶乔木，稀灌木或常绿树，高可达 25 米，胸径可达 1.5 米以上；树冠卵圆形或近圆形；幼龄树皮平滑，灰褐色或浅灰色，老龄树皮暗灰色，不规则深纵裂，粗糙；单叶互生，排成 2 列，具重锯齿，稀单锯齿，羽状脉，基部常偏斜；花两性，稀单性，簇生、散生、聚伞或总状花序，春季先叶开放，稀秋季（榔榆）或冬季（如越南榆）开放；果扁平，周围具膜质翅；种子扁或微凸，种皮薄，无胚乳，风传播。

◆ **生长习性**

榆树为喜光树种，抗寒和耐高温能力强，耐大气干旱和土壤干旱；对土壤条件要求不高，喜肥沃土壤，但也耐土壤贫瘠，其适生的土壤类型有棕壤、褐色土、黑钙土、栗钙土、灰棕漠土、盐碱土等；有较强的耐盐碱性，对各类盐碱土均有较好的适应性；根系发达，抗风力、保土力强；萌芽力强，耐修剪；不耐水涝；具抗污染性，叶面滞尘能力强。

◆ **培育技术**

以白榆为例。以种子繁殖为主，嫁接、扦插均可繁育。播种育苗可在种子成熟后，随采随播或密封、低温（低于 10℃）贮藏。每公顷播种量为 37.5～75.0 千克，覆土厚度 0.5 厘米左右。每公顷留苗量 15.0 万～22.5 万株。嫁接育苗在春季发芽前进行，采用切接法。扦插在夏秋季进行，以当年生半木质化幼嫩枝条为插穗，在吲哚丁酸（400毫克／千克）溶液中浸泡 20 秒。一般采用 2 ～ 3 年生苗木造林。随整地随造林，盐碱地等应提前 1 年整地，最好在雨季前或雨季整地。盐碱地造林，需提前开沟，或修窄台田、灌水或蓄淡水洗碱脱盐，使土壤含盐量降到 0.3% 以下。造林后，适时松土、除草、混种绿肥压青、灌溉、修枝、间伐。

◆ 用途

榆树是重要的防护林、用材林和景观林树种。木材坚重，硬度适中，力学强度较高，纹理直或斜，结构略粗，有光泽，具花纹，韧性强，弯曲性能良好，耐磨损，能供建筑、车辆、枕木、家具、农具等用材。皮、叶、果、种子等可供医药用和食用。还可作饲料、绳索、麻袋、线香和蚊香的黏合剂、医药片剂的黏合剂和悬浮剂、培养食用真菌的优质饵木。

盐生草

盐生草是藜科盐生草属一年生有毒草本。在中国分布于甘肃西部、青海、新疆及西藏。国际上分布于蒙古、西伯利亚地区和中亚。生于山脚、戈壁滩。

◆ 形态特征

盐生草高 5 ～ 30 厘米。茎直立，多分枝；枝互生，基部枝近对生，无毛，无乳头状小突起，灰绿色。叶互生，叶片圆柱形，长 4 ～ 12 毫米，宽 1.5～2 毫米，顶端有长刺毛，有时长刺毛脱落。花腋生，通常 4～6 朵聚集成团伞花序，遍布于植株；花被片披针形，膜质，背面有 1 条粗脉，结果时自背面近顶部生翅；翅半圆形，膜质，大小近相等，有多数明显的脉，有时翅不发育而花被增厚成革质；雄蕊通常为 2 枚。种子直立，圆形。花果期为 7～9 月。

◆ **毒性与危害**

盐生草的茎、叶中含草酸钙及其盐类，能引起牲畜中毒致死，羊中毒明显。草酸盐被吸收入血后，能夺取体液和组织内的钙，形成草酸钙，导致低钙血症，扰乱钙的代谢，从而使神经肌肉的兴奋性增高，心脏机能减退及血液凝固时间延长。牲畜长期摄食含钙量低、含草酸盐多的盐生草时，尿中草酸盐排出量增多，草酸钙结晶在肾小管内沉淀，可导致肾小管阻塞、变性和坏死，从而使尿道结石的发病率增高。急性草酸盐中毒动物低血钙症是致死的主要因素，慢性病例因肾脏受损而导致尿毒症。

◆ **防控技术**

盐生草并不属于典型暴发毒草，对动物毒性小，因此没有对其治理的研究，可让动物远离盐生草聚集区放牧，防止其大量采

榆钱

食。一旦大量采食，应注意充足饮水，可促进尿液盐排泄，同时补充钙制剂。

◆ **其他用途**

盐生草耐盐可作为改良盐碱地备选植物。盐生草籽粒出油率高，利用籽粒提取盐生草籽油，有很好的经济价值。

盐　芥

盐芥是被子植物真双子叶植物十字花目十字花科盐芥属的一种。

名出《内蒙古植物志》。分布于中国河北、河南、江苏、吉林、内蒙古、山东、新疆，哈萨克斯坦、吉尔吉斯斯坦、蒙古、俄罗斯、土库曼斯坦、乌兹别克斯坦和北美洲也有分布。生长于盐碱滩、河岸、干草原。

盐芥是草本植物，高（6～）10～30（～40）厘米。茎直立或开展，基部单枝或几个分枝。基生叶莲座状或无，叶柄长5～10毫米，叶片倒卵形、匙形或长圆形，全缘或很少具齿及羽状裂，先端钝；茎生叶心形、卵形或长圆形，无柄，叶基深度抱茎，极少有叶耳，全缘或波状，先端锐尖或钝。萼片长圆形；花瓣白色，倒卵形；

盐芥

花丝长 1 ~ 1.5 毫米；花药长方体形，顶端成尖，长 0.2 ~ 0.4 毫米；每个子房具胚珠 55 ~ 96 枚。果序轴成直线，果梗纤细，长 3 ~ 10 毫米，叉开向上；果实念珠状，无柄，果瓣具隐脉。种子褐色，长方体形，排成两列。花果期 4 ~ 7 月。

盐生植物盐芥与模式植物拟南芥亲缘关系较近，具有对高盐、干旱和低温等非生物胁迫极高的耐受能力。盐芥于 2012 年完成全基因组测序，约为 260 兆碱基对，使其成为研究植物耐盐的模式植物。

大穗结缕草

大穗结缕草是禾本科结缕草属多年生草本植物。

分布于中国辽宁、山东、江苏及浙江省的沿海及日本。常分布于滨海沙地、江河沿岸，以及荒野草地。

海滨盐碱地上的大穗结缕草

大穗结缕草具发达的根状茎和匍匐茎，匍匐茎浅紫色到紫色。直立枝高 15 ~ 30 厘米，草坪密度相对较低，叶片线状披针形，质地较硬，长 1.5 ~ 4 厘米，宽 1 ~ 4 毫米。总状花序，长 3 ~ 4 厘米，宽 5 ~ 10 毫米。与其他结缕草的最大区别在于其花序基部为叶鞘包裹，小穗宽 2 毫米以上。小穗黄褐色或略带紫褐色，长 6 ~ 8 毫米，宽约 2 毫米，花果期 5 ~ 10 月。染色体数

2*n*=40。开花习性为雌蕊先熟、雄蕊后熟，花序顶部小穗先开花。

大穗结缕草耐盐碱能力特别强，能在含盐量为 1.2% 的盐碱沙质土的海滩上生长，耐湿性也很强。结实率高，种子资源丰富，可用种子建坪。与结缕草一样，种子需经处理才能有较高的发芽率。也可用营养繁殖建坪，方法同结缕草。

大穗结缕草为优良耐盐碱草坪草，主要用于重度盐碱地区和沿海新开发区铺设草坪，可用作江堤、湖坡、水库等处的固土护坡植物。

大花秋葵

大花秋葵是锦葵科木槿属多年生草本植物。

原产于北美洲。株高 1～2 米。茎粗壮直立，基部半木质化，具有粗壮肉质根。单叶互生，具有叶柄。叶 3 浅裂或不裂，基部圆形或卵状椭圆形，长 8～22 厘米，边缘具齿，叶背及叶柄密生灰色星状毛。花序为总状花序，朝开夕落。花大，单生于枝上部叶腋处，花瓣 5 枚，花径可达 20～30 厘米，有白、粉、红、紫等颜色。蒴果扁球形，种子褐色。花期 6～9 月，果期 9～10 月。

大花秋葵喜阳光充足、温暖的环境，耐寒，耐热，耐旱，耐盐碱，对

大花秋葵的花

土壤要求不严。广泛用于园林绿化，可丛植、列植于道路两旁或点缀于草坪，或用作背景植材，观赏效果较好。

馒头柳

馒头柳是杨柳科柳属落叶乔木。是旱柳的一种变型。

馒头柳以中国黄河流域为栽培中心，分布于东北、华北、华东、西北等地，为新疆常见树种。

馒头柳

馒头柳高达 18 米，树冠半圆形，如同馒头状。树皮暗灰黑色，有裂沟，分枝较密，枝条端稍齐整。无顶芽。叶互生，披针形，长 5 ～ 10 厘米，宽 1 ～ 1.5 厘米，具羽状脉。花叶同时开放，雄花序圆柱形。果序长达 2.5 厘米。花期 4 月，果期 4 ～ 5 月。喜光，耐旱，耐寒，耐水湿，耐修剪，抗病虫害，耐盐碱，具有很强的适应性。生长快。

馒头柳遮阴效果较好，可作庭荫树、行道树、护岸树，常栽培在河湖岸边或孤植于草坪，对植于建筑物两旁。是造林绿化的重要树种之一，其枝叶是良好的饲料来源。

酒瓶椰

酒瓶椰是棕榈科酒瓶椰属常绿乔木。又称酒瓶椰子、酒瓶棕。

酒瓶椰原产于马斯克林群岛，是一种典型的热带棕榈植物。中国海南、广东、福建、广西、云南等省（自治区）引种栽培。其茎干在近地面处稍细，向上逐渐增粗，近冠茎处又收缩变细，形如酒瓶，因此被称为酒瓶椰。

酒瓶椰茎单生，最大茎粗可达40～70厘米。叶羽状，全裂，羽片披针形，长约45厘米，叶色淡绿，叶质坚挺，背面有鳞片。叶柄长

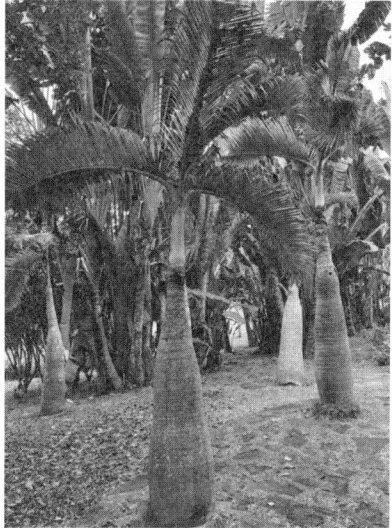

酒瓶椰

30～40厘米。雌雄同株。花序见于冠茎下，花黄绿色。果椭圆形，成熟时为黑褐色。种子椭圆形。喜高温、湿润、半阴的环境，耐盐碱、怕寒冷、不耐涝。以排水良好、富含有机质的土壤为佳。采用播种繁殖。主要病害有心腐病、叶斑病，受红棕象甲危害严重。

酒瓶椰树形奇特，其下部膨大的茎干形如酒瓶，非常美观。常用于园林绿化的行道树或草坪庭院的点缀，也可盆栽用于装饰宾馆的厅堂和大型商场。

文冠果

文冠果是无患子科文冠果属落叶灌木或小乔木。

文冠果原产于中国北方黄土高原地区，天然分布北到辽宁西部和吉林西南部，南至安徽省萧县及河南南部，东至山东，西至甘肃宁夏。野

生于丘陵山坡等处，各地也常栽培。

文冠果高可达5米。小枝褐红色粗壮，叶连柄长可达30厘米。小叶对生，两侧稍不对称，顶端渐尖，基部楔形，边缘有锐利锯齿。两性花的花序顶生，雄花序腋生，直立，总花梗短，花瓣白色，基部紫红色或黄色，花盘的角状附属体橙黄色，花丝无毛。蒴果长达6厘米。种子黑色而有光泽。春季开花，秋初结果。

文冠果主要采用播种繁殖，也可用分株、压条和根插方法。喜阳，耐半阴，对土壤适应性很强，耐盐碱，抗寒能力强，-41.4℃安全越冬。不耐涝、怕风，在排水不好的低洼地区、重盐碱地和未固定沙地不宜栽植。耐干旱、贫瘠，抗风沙，在石质山地、黄土丘陵、石灰性冲积土壤、固定或半固定的沙区均能生长。文冠果是中国特有的一种食用油料树种。文冠果花奇特、繁茂，也常作为景观树种。

文冠果的果实　　　　　　　　文冠果的种子

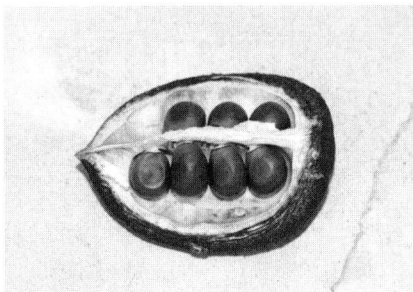

马　蔺

马蔺是被子植物单子叶植物天门冬目鸢尾科鸢尾属的一种。又称白花马蔺。

名出《神农本草经》，有"蠡实"条，即马蔺之种子，如《本草图经》载："蠡实，马蔺子也。"

马蔺广布于东亚、东北亚至南亚北部，主产于中国长江以北各省区，也见于安徽、江苏、浙江、湖北和湖南，朝鲜半岛、俄罗斯远东、蒙古、印度北部、塔吉克斯坦、阿富汗及巴基斯坦也有分布。生于海拔600～3000米的荒地、路旁及山坡草丛中。

马蔺为多年生草本，地下具粗壮、木质、斜伸的根状茎，外包有红紫色老叶残留叶鞘及毛发状纤维；须根粗而长，黄白色，少分枝。叶基生，叶片灰绿色，条形或狭剑形，坚韧，长约50厘米，顶端渐尖，基部常相互套叠，成2列。花葶从基部叶丛中伸出，光滑，花序下具3～5枚草质苞片；苞片绿色，边缘白色，披针形，长4.5～10厘米，宽0.8～1.6厘米；苞片内有花2～4朵，花被片6，2轮，紫罗兰色或乳白色，直径5～6厘米，基部联合的管很短，仅约3毫米，花梗长4～7厘米；外轮花被裂片大于内轮，多反折，内面具白色纵纹；雄蕊3枚，着生于外轮花被基部，花药黄色，花丝白色；雌蕊3心皮合生，子房下位纺锤形，中轴胎座，胚珠多数，柱头3分枝，扁平，花瓣状，常贴于外轮花被裂片，盖着雄蕊。蒴果长椭圆状柱形，长

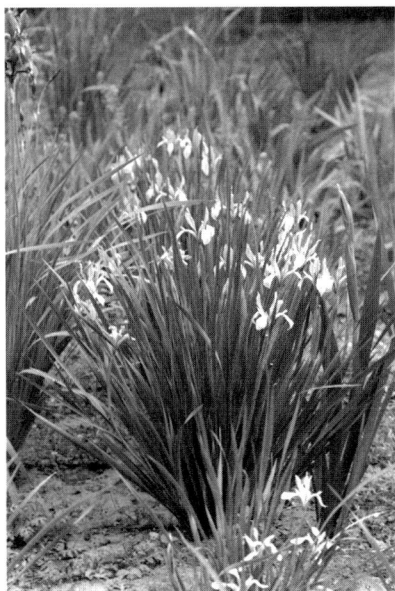

马蔺植株

4～6厘米，直径1～1.4厘米，有6条肋，顶端有短喙；种子形状不规则，棕褐色。花期5～6月，果期6～9月。染色体数 $2n = 40，50$。

马蔺耐盐碱，可作水土保持物种。也常作为观赏花卉广为栽培，常种植于水边。全草可入药，具有清热解毒、利尿通淋、活血消肿之功效，主治喉痹、淋浊、关节痛、痈疽恶疮、金疮等症。

柳枝稷

柳枝稷为禾本科黍属多年生草本植物。

起源于北美洲，自然生长范围包括从加拿大北部到墨西哥北部，从大西洋沿岸到美国中部地区。生长在草地、开阔的林地或盐碱湿地。

柳枝稷植株高大，株高1～3米，茎秆直立或松散弯曲，一般有4～6个茎节，分蘖能力强，多丛生，地上部生物量可达74吨/公顷。根系发达，主要分布在1米以内，最深可达3.5米。叶片深绿，有的种类粉蓝色，到秋季叶色变为金黄色至酒红色。叶型紧凑，叶片狭长，两面有蜡质，且均有气孔分布，中脉明显。圆锥花序长15～55厘米，小穗呈椭圆形，无毛。种子坚硬，表面光滑且具有光泽，新收获的种子具有较强的休眠性，千粒重0.7～2克。

柳枝稷是异花授粉植物，具有很强的自交不亲和性。可分为低地和高地两种生态型。低地生态型多为四倍体，茎秆较高、较粗，适应于温暖潮湿的环境；高地生态型茎秆细矮，生长较慢，多为六倍体或八倍体，具有更高的遗传多样性。在生产中主要利用种子繁育，也可利用根块茎扦插以及组织培养等方式。

柳枝稷具有明显的短日照植物的光周期特征，可以通过控制光照周期改变开花时间。种子在低于10℃时不能萌发，夏季高温条件下生长迅速，最适生长温度为30℃左右，经过抗寒锻炼后可在－20℃条件下生存。具有很强的适应性，在北京能露地越冬，抗旱性强，耐盐碱。

种植柳枝稷时要密植，否则植株松散易倒伏。养护中肥水不宜过大，否则植株徒长，也容易倒伏。可分株繁殖，也可早春播种育苗，温度合适时移栽到室外，当年就可产生良好的景观效果。

在园林中可孤植、丛植、混合配置组成花境，或植于路缘勾画道路，或片植作屏障。冬季不倒伏，是良好的冬季景观植物。

芨芨草

芨芨草是禾本科芨芨草属盐生、旱中生密丛型草本。

芨芨草高50～250厘米。根粗、坚韧，外被沙套，须根发达，成庞大根系，根直径0.2～0.3厘米，根幅1.5～2.0米。茎直立、粗壮，秆叶坚韧、长而光滑。叶舌三角形或尖披针形。圆锥花序，厚纸质。小穗长4.5～7毫米（除芒），灰绿色，基部带紫褐色，成熟后变草黄色。花果期6～9月。

芨芨草植株

芨芨草在中国广泛分布于西北、东北及内蒙古、山西、河北地区，蒙古、俄罗斯也有分布。芨芨草是盐生草甸上的建群种，在典型草原、荒漠草原和荒漠地带均可形成草原化盐生草甸、荒漠化盐生草甸和一般盐生草甸群落等。适应性强、耐旱、耐寒，黄土高原的荒山、荒坡、陡崖、盐碱地、卵石滩地及山前冲积平原等均能呈丛生长。

芨芨草幼嫩时为优良牧草，成株为中等牧草。可造纸及人造丝、编织筐等。叶浸水后，韧性极大，可做草绳。茎、颖果、花序及根均可入药。也可用于生态修复与水土保持，改良盐碱地等。开花前干物质中平均粗蛋白质含量为 20.76%，胡萝卜素含量为 102.5 毫克 / 千克，必需氨基酸含量高；拔节至开花后干物质中平均粗纤维含量达 38.31% 以上。

小花碱茅

小花碱茅是禾本科碱茅属多年生疏丛型草本。别称星星草、朝鲜碈茅、朝鲜碱茅、碱茅。

小花碱茅的秆丛生，直立或膝曲，高 30 ～ 60 厘米，直径约 1 毫米，具 3 ～ 4 节，顶节位于下部 1/3 处。叶鞘短于其节间，顶生者长 5 ～ 10 厘米，平滑无毛；叶舌膜质，长约 1 毫米，钝圆；叶片长 2 ～ 6 厘米，宽 1 ～ 3 毫米，对折或稍内卷，上面微粗糙。圆锥花序长 10 ～ 20 厘米，疏松开展，主轴平滑；分枝 2 ～ 3 枚生于各节，下部裸露，细弱平展，微粗糙；小穗柄短而粗糙；小穗含 2 ～ 3（4）小花，长约 3 毫米，带紫色；小穗轴节间长约 0.6 毫米；颖质地较薄，边缘具纤毛状细齿裂，第一颖长约 0.6 毫米，具 1 脉，顶端尖，第二颖长约 1.2 毫米，具 3 脉，顶端稍钝；外稃具不明显 5 脉，长 1.5 ～ 1.8 毫米，宽约 0.8 毫米，顶端钝，基部无毛；内稃等长于外稃，平滑无毛或脊上有数个小刺；花药线形，长 1 ～ 1.2 毫米。花果期 6 ～ 8 月。

小花碱茅主要分布在黑龙江、吉林、辽宁、内蒙古（毛乌素沙漠）、河北、山西、安徽、甘肃、青海（西宁、民和、都兰）、新疆（青河、布尔津、玛纳斯、塔城、巩留、伊吾、巴里坤、和静、阿克陶、塔什库尔干、策勒）。中亚、俄罗斯西伯利亚、蒙古、伊朗、日本、北美洲均有分布。生长于草原盐化湿地、固定沙滩、沟旁渠岸草地上，海拔 500 ～ 4000 米，是形成盐生草甸

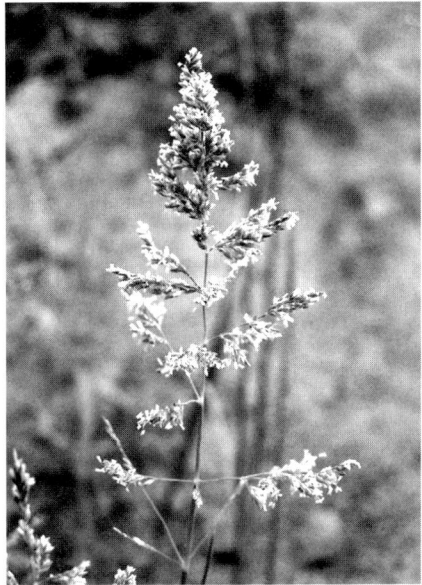

小花碱茅花序

的建群种。适应性强，喜湿润和盐渍性土壤，抗寒、耐旱、耐盐碱性极强，能在海拔 3700 米的高寒山区且气温低至 -36℃ 的区域安全越冬。干旱时叶片卷成筒状，以减少水分散失，在土壤 pH8.8 时能良好地生长，土壤 pH 达 9 ～ 10 时仍能生长。

小花碱茅具有良好的耐盐碱性，对东北松嫩草原苏打盐碱土、华北地区氯化物盐土、西北地区硫酸盐盐土，都有良好的适应性，主要用于退化盐碱草地和盐碱荒地的修复和改良。这类土地盐碱含量一般在 1% ～ 2%（耕层），pH9.2 ～ 9.8，碱化度 40% ～ 60%。地势较低的区域，

雨季浅层积水不能超过 7 天。为防止积水内涝，应挖筑排水沟，使多余水分排出。这类大片碱斑地适于种植碱茅。根据碱茅种子发芽需要 7～10 天的充足的土壤水分，结合翻耙整地尽量使地面平整。播种前 10～15 天，用重耙耙深 18～20 厘米，用轻耙碎土，拖土板拖平，如果土层不太坚实，也可以用重耙纵横交叉耙地松土，然后用轻耙作业并拖平。当地势不太平坦时，可根据坡度沿等高线筑埂，尽可能达到平整。

小花碱茅虽然从 4～10 月均可播种，但由于其具有冷季型草的发芽特性，温度偏低、昼夜温差大有利于发芽出苗。播种期应避开炎热夏季，选择在春、秋季为宜。播种量每公顷 20～30 千克为宜。播种深度以 0.5 厘米至种子不露在地面上为准。大面积种植碱茅可用草坪播种机或牧草播种机。草坪播种机播种（撒播）、覆土、镇压可一次性完成，播种前只要调好播种量即可，是最为理想的碱茅播种机械。

用牧草播种机播种要防止播种过深，对于新翻耙的土地，土层较松软，可先用环形镇压器镇压一遍，然后再播种。碱茅种子细小，必须重镇压才能使种子与土壤紧密结合，便于吸收水分，生根发芽。

播种当年可能有少量碱蓬，若不严重可不必防除。如碱蓬幼苗期密度很大时，可用化学除草剂（2,4-D-丁酯）防除。其次要加强围栏保护，尤其是早春和晚秋，当草原枯黄时，而碱茅草地一片葱绿，容易招引牲畜啃食。只有围栏保护，并有专人管理，随时维修围栏，才能防止牲畜进入。

碱茅生长势强，春季返青早，生长快，在营养生长期草质柔软，营养好，适口性好，适时刈割，可调制干草或放牧。茎叶含蛋白质较高，是家畜喜食的优良牧草。小花碱茅是改良盐碱退化草地和盐碱耕地的先锋植物，同时具有多年生、质地柔软、绿色期长的特点，在重度盐碱区域建植草坪或地被植物具有良好的应用前景。

黄顶菊

黄顶菊是菊科黄菊属一年生草本植物。又称二齿黄菊。

◆ 分布及危害

黄顶菊原产于南美洲，是中国发现的一种新的外来入侵植物。2001年在天津市和河北省衡水湖先后被发现，后快速扩散；2008年河北省黄顶菊入侵现象尤为严重，入侵面积高达 2 万公顷，占领此省的 70 多个县城；2006～2008 年天津市黄顶菊入侵面积由 200 公顷扩散到了277.6 公顷。黄顶菊具有极强耐盐碱和耐干旱的特性，依靠其强大的繁殖能力、易于扩散等特点扰乱生态系统原有的食物链和能量秩序，已被列入《中华人民共和国进境植物检疫性有害生物名录》。

◆ 形态特征

黄顶菊植株高 25～200 厘米，茎直立，紫色，被微绒毛，茎叶多汁而近肉质，叶交互对生，叶长椭圆形至披针状椭圆形，亮绿色，长 6～18厘米，宽 2.5～4 厘米，先端长渐尖，基部渐窄，基生三出脉呈黄白色，侧脉在叶下面明显边缘基部以上具稀疏而整齐锯齿，多数叶具 0.3～1.5厘米长的叶柄，叶柄基部近于合生，茎上部叶片无柄或近无柄。头状花序多数于主枝及分枝顶端密集成蝎尾状聚伞花序，花冠鲜黄色，醒目；总苞长椭圆形，具棱，长约 5 毫米，黄绿色；总苞片 3～4 个，内凹，先端圆或钝，小苞片 1～2 个，边缘小花花冠短，长 1～2 毫米，黄白色，舌片不突出或微突出于闭合的小苞片外，直立，斜卵形，先端尖，长约 1 毫米或较短；盘花 5～15 枚，花冠长约 2.3 毫米，冠筒长约 0.8 毫米，檐部长约 0.8 毫米，漏斗状，裂片长约 0.5 毫米，先端尖花药长约 1 毫米，盘花的瘦果长约 2 毫米，边缘的瘦果较大长约 2.5 毫米，每个花苞内着生种子 5 枚，瘦果黑色，稍扁，倒披针形或近棒状，无冠毛。花序形成期在 6 月底，种子成熟期在 9 月初至 11 月中旬。

◆ **入侵生物学及其适应特性**

黄顶菊喜生于荒地，尤其偏爱废弃的厂矿、工地和滨海等富含矿物质及盐分的环境，在近河溪旁的水湿处、峡谷、原野、牧场、弃耕地、悬崖、峭壁、陡岸、街道沟渠和道路两旁，以及含砾岩或沙子的黏土都能生长，其环境适应性和可塑性非常强。自然出苗时间最早于 3 月下旬，而大量出苗在 4 月底到 5 月初，出苗可持续到 9 月以后。自然生长在路边的黄顶菊从 7 月到 9 月中上旬都有大量的黄花开放，9 月中下旬，花序大量成熟，并出现大量干枝，10 月以后，90% 以上的种子成熟，干枝率逐渐增加，达 70% 以上。从 4 月下旬到 9 月上旬种子都可以萌发，从 8 月下旬至 11 月上旬均有种子成熟。根系发达，可长至地表 30 厘米以下，对水肥竞争力强；植株高大、叶片光合能力强，株高可长至 2 米以上。有性繁殖能力很强，每株可产生几十万粒种子。

◆ **监测检测技术**

在黄顶菊偏好生长的地区应加强监控,整体掌握其生长和繁殖状况。对黄顶菊生长蔓延趋势掌握要及时,要密切关注已经使用了扑灭措施区域的情况,及时掌握扑灭黄顶菊后的生长动态,杜绝黄顶菊的蔓延外散;加强苗木检疫,控制人为传播,因为黄顶菊有极强繁殖生长能力,所以要对苗木进行严格检疫,严禁黄顶菊发生地苗木的引进。若与黄顶菊有过接触,一定要进行严格的检查,包括检查是否有沾上黄顶菊的种子或是其残根、残茎的泥土,要对黄顶菊会向异地蔓延的可能性进行严格的控制。

◆ **防治方法**

黄顶菊的防治要遵循尽早发现、及时铲除的策略。人工拔除是根治黄顶菊的有效办法,黄顶菊生长最旺盛的时期是在每年的 4 ~ 8 月,此时也是将黄顶菊铲除的最好时机,要尽早将分散密度低、植株高大或是零星生长的黄顶菊铲除,并将其在农田外集中销毁,将其斩草除根,一定不能等到黄顶菊结籽。若是黄顶菊已成片生长,则要先将其植株割除,再将生长地点翻耕,让根在太阳底下曝晒,然后再将其根茎都清理干净,带出农田集中销毁或是粉碎。若有的区域黄顶菊没有进行及时铲除,则必须在 11 月至翌年 4 月进行铲除并烧毁干枯的花朵。化学防治方法主要采用除草剂,百草枯和草甘膦对黄顶菊具有极好的杀灭效果。5 月中旬对黄顶菊进行第 1 次用药,之后每隔 35 ~ 40 天再分别进行 2 次药物除治。对于生长在农田之外的黄顶菊,可采取以下方法防治:将分布密度低但是高大的植株进行拔除，若是分布密度较高但植株较低的入侵群落，则可用化学方法防治，可用浓度为 20% 的草甘膦或是百草枯 200～500 倍数水剂进行喷洒，防治成功率可超过 90%。另外，在利用化学方法进行防治之后，对于已征收却还未使用的土地，可进行复耕复种，将抛荒的土地量尽量减少，这样在增加农作物种植面积的同时，也在一定程度上限制了黄顶菊的蔓延范围。

盐肤木

盐肤木是被子植物真双子叶植物无患子目漆树科盐肤木属的一种。名出《正字通》。因果皮被有咸味的白粉而得名。

中国广布。不丹、柬埔寨、印度、印度尼西亚、日本、朝鲜、老挝、缅甸、新加坡、泰国、越南也有分布。本种适应性较强，不选择土壤，喜光、耐旱、萌生力强；一般生于海拔 100～2800 米的山坡疏林、灌丛、荒地上，更常见于沟边或次生林。

盐肤木植株

落叶灌木或乔木，高 2～10 米；小枝被锈色柔毛，具圆形小皮孔。叶片无柄，奇数羽状复叶；叶轴具宽翅或无翅，被铁锈色短柔毛；小叶（5～）7～13 片，卵形或长圆形，自下而上逐渐增大，先端急尖，叶面暗绿色，疏生短柔毛或逐渐变为无毛，背面浅绿色，被白粉和铁锈色短柔毛，基部圆形；顶生小叶基部楔形，边缘具齿，通常为圆锯齿，先端急尖，侧脉和细脉在叶面凹陷，在叶背突起。花序多分枝，密被铁锈色短柔毛，雄花序长 30 ～ 40 厘米，雌花序较短。花白色，花梗长约 1 毫米，被微柔毛；雄花花萼被微柔毛，裂片长圆形，长约 1 毫米，边缘具细睫毛，花瓣倒卵状长圆形，雄蕊伸出，花药卵形，花盘环状，子房不育；雌花萼裂片长约 0.6 毫米，花瓣椭圆状卵形，退化雄蕊不明显，花盘环状，子房卵球形，密被白色微柔毛，花柱 3，柱头头状。核果球形，略压扁，被具节柔毛和腺毛，成熟时红色。花期 8 ～ 9 月，果期 10 月。

本种为五倍子蚜虫寄主植物，在幼枝和叶上形成虫瘿，即五倍子，广泛应用于医药、化工、印染、冶金等行业。心材主要含黄颜木素、非瑟酮、硫黄菊素等；叶含没食子酸、鞣花酸等。果实、木上之盐均可食用，根、茎、叶、皮、花和果实均可入药，有祛风化湿、消肿软坚、收敛解毒、生津润肺、降火化痰等功效。种子可榨油。现代研究表明，提取物及从其中分离的化合物表现出显著的抗腹泻、抗凝血、抗病毒、抗菌、抗癌等生物活性，尤其是具有较好的抗人类免疫缺陷病毒活性。花蜜、花粉丰富，是一种很好的蜜源植物。木材致密，也可作为箱柜用材。嫩枝、叶、花是很好的猪饲料。

盐肤木适应能力强，耐干旱、耐贫瘠，可作荒山绿化树种。叶在秋冬季呈鲜红色，核果呈橘红色，是一种很好的园林观赏树种。

本书编著者名单

编著者　（按姓氏笔画排列）

丁　婷	于晓南	王　萍	王九一	王玉忠
王立成	王丽芝	卞祖强	邓尚贵	叶兴乾
乔延江	向　丽	刘　波	刘　洋	刘　勐
刘万平	刘元法	刘成林	刘光明	刘志伟
江雨彤	孙小虹	李　玥	李伟华	李春杰
李洪军	李瑞琴	肖小河	吴　昊	吴宇恩
吴敬禄	余小灿	汪明泉	沈立建	宋丽华
宋德瑛	张　华	张　村	张　宾	张志翔
张振克	张晓东	陈代璋	陈建平	陈敬堂
陈景祖	范树高	林承毅	林慧敏	杭悦宇
金　华	郑亚萍	孟祥河	赵宝玉	赵宪福
赵艳军	胡志刚	钟卫红	钟国跃	姜泽东
洪　勋	秦小明	夏　念	徐　洋	徐安凯
高　月	郭海林	曹　岚	曹文红	曹秋梅
章超桦	梁　佳	傅承新	焦鹏程	靳瑰丽
蔡邦平	黎　素	颜　辉	霍健聪	